# 数理统计
## 理论、应用与软件实现
## （第2版）

宋爱斌　主编

国防工业出版社

·北京·

# 内 容 简 介

本书是根据全国工科院校硕士研究生《数理统计》课程的教学基本要求而编写的。全书共分五章,系统地介绍了数理统计的基本理论与基本方法,内容包括数理统计的基本概念、参数估计、假设检验、方差分析和回归分析以及典型案例的分析与软件实现。本书注重统计思想和方法的介绍,强调统计的实际应用,用不同的软件对案例进行计算与求解。

本书可供高等院校有关专业作为本科生和研究生的教材或参考书,也可供教师、科技工作者和工程技术人员参考。

图书在版编目(CIP)数据

数理统计理论、应用与软件实现/宋爱斌主编. —2版. —北京:国防工业出版社,2023.7
ISBN 978 – 7 – 118 – 12829 – 1

Ⅰ.①数⋯ Ⅱ.①宋⋯ Ⅲ.①数理统计 Ⅳ.①O212

中国国家版本馆 CIP 数据核字(2023)第 136573 号

※

国防工业出版社出版发行
(北京市海淀区紫竹院南路 23 号 邮政编码 100048)
三河市众誉天成印务有限公司印刷
新华书店经售

开本 710×1000 1/16 印张 11 字数 195 千字
2023 年 7 月第 2 版第 1 次印刷 印数 1—1500 册 定价 68.00 元

(本书如有印装错误,我社负责调换)

国防书店:(010)88540777 书店传真:(010)88540776
发行业务:(010)88540717 发行传真:(010)88540762

# 前言 | PREFACE

《数理统计理论、应用与软件实现》2012年1月由国防工业出版社出版，虽然是为军队工科硕士研究生的需要编写，但也是一本适合工科各专业、本科以上学生的教材。从作者了解和收到的反馈来看，许多数学专业学生也在使用本书并收到良好效果。

经过几年的试用，试用教师和同行专家对本书提出了以下意见：

(1) 本书指导思想明确，体系完整，内容充实，兼顾了数理统计的学科特点和军队工科硕士研究生的数学基础，适用于现阶段军队工科硕士研究生和数学专业本科生学习。

(2) R软件是一套完整的数据处理、计算和制图软件系统，Python是一种面向对象的解释型计算机程序设计语言，也是现阶段许多院校理工科专业本科学习的主要语言，建议本书增加该方面的内容。

本书第2版吸收了第1版发行以来使用教师和同行专家的意见，增加了应用案例的R软件和Python语言实现。本次修订由宋爱斌负责统稿，由官雷负责应用案例的R软件实现，王子强、张晶晶负责应用案例的Python语言实现，在此表示衷心感谢。

衷心希望修订后的教材更便于读者使用，盼望它能够给读者以更大的帮助！同时希望读者对于书中的错误和问题予以批评指正。

编　者<br>
2023年1月

# 目录 | CONTENTS

## 第1章 数理统计的基本概念 ········································································ 001
### 1.1 基本概念 ···································································································· 001
#### 1.1.1 总体和样本 ······················································································ 001
#### 1.1.2 统计量和样本矩 ··············································································· 002
#### 1.1.3 次序统计量、经验分布函数和直方图 ············································· 004
### 1.2 抽样分布 ···································································································· 006
#### 1.2.1 $\chi^2$ 分布 ····························································································· 007
#### 1.2.2 $t$ 分布 ······························································································ 008
#### 1.2.3 $F$ 分布 ····························································································· 009
#### 1.2.4 概率分布的分位数 ··········································································· 011
#### 1.2.5 正态总体样本均值和方差的分布 ····················································· 011
### 1.3 应用案例 ···································································································· 012
### 附录1.1 统计软件简介 ···················································································· 017
### 附录1.2 本章图形程序代码 ············································································· 020
### 附录1.3 相关定理补充证明 ············································································· 026

## 第2章 参数估计 ························································································· 029
### 2.1 点估计 ······································································································· 029
#### 2.1.1 矩估计法 ·························································································· 029
#### 2.1.2 极大似然估计法 ··············································································· 031
### 2.2 估计量的评判标准 ····················································································· 032
#### 2.2.1 无偏估计 ·························································································· 035
#### 2.2.2 最小方差无偏估计和有效估计 ························································· 036
#### 2.2.3 相合估计(一致估计) ········································································ 036
### 2.3 区间估计 ···································································································· 037
#### 2.3.1 置信区间 ·························································································· 037
#### 2.3.2 数学期望的置信区间(区间估计) ···················································· 038

V

2.3.3 正态总体方差的区间估计 ·················· 039
   2.3.4 两个正态总体均值差的区间估计 ·············· 040
   2.3.5 两个正态总体方差比的区间估计 ·············· 040
   2.3.6 单侧置信区间 ························ 041
 2.4 应用案例 ································ 042

## 第3章 假设检验 ······························ 047

 3.1 参数假设检验 ······························ 047
   3.1.1 假设检验的基本概念 ··················· 047
   3.1.2 假设检验的分类 ····················· 050
 3.2 正态总体均值与方差的假设检验 ···················· 052
   3.2.1 单正态总体参数的检验 ·················· 052
   3.2.2 两正态总体参数的假设检验 ················ 054
 3.3 非参数假设检验 ···························· 055
   3.3.1 分布函数拟合检验 ···················· 056
   3.3.2 两总体之间关系的假设检验 ················ 059
 3.4 应用案例 ································ 062

## 第4章 方差分析 ······························ 069

 4.1 单因素方差分析 ···························· 069
   4.1.1 基本概念 ························ 069
   4.1.2 单因素方差分析的数字模型 ················ 070
   4.1.3 偏差平方和分解与显著性检验 ··············· 071
   4.1.4 参数估计与多重比较 ··················· 074
 4.2 两因素方差分析(非重复试验) ····················· 079
   4.2.1 数学模型 ························ 079
   4.2.2 偏差平方和分解与显著性检验 ··············· 080
   4.2.3 多重比较 ························ 081
 4.3 两因素方差分析(重复试验) ······················ 082
   4.3.1 数学模型 ························ 082
   4.3.2 偏差平方和分解和显著性检验 ··············· 084
   4.3.3 多重比较 ························ 085
 4.4 正交试验设计 ······························ 086
   4.4.1 正交设计的基本概念 ··················· 086
   4.4.2 无交互效应的正交设计与数据分析 ············· 088
 4.5 应用案例 ································ 089

## 第 5 章　回归分析 ············································· 097

### 5.1　一元线性回归分析 ········································ 097
#### 5.1.1　"回归"名称的来源 ··································· 097
#### 5.1.2　一元线性回归模型 ····································· 099
#### 5.1.3　未知参数 $\alpha, \beta, \sigma^2$ 的估计 ············· 100
#### 5.1.4　参数估计量的分布 ····································· 102
#### 5.1.5　参数 $\beta$ 的显著性检验 ··························· 103
#### 5.1.6　回归模型的应用 – 预测和控制 ······················· 104

### 5.2　多元线性回归分析 ········································ 106
#### 5.2.1　多元线性回归模型 ····································· 107
#### 5.2.2　参数的估计 ············································ 107
#### 5.2.3　估计量的分布及性质 ·································· 109
#### 5.2.4　回归系数及回归方程的显著性检验 ··················· 110
#### 5.2.5　最优回归方程的选择 ·································· 111

### 5.3　应用案例 ··················································· 113

## 附　录 ······························································ 132

附表 1　标准正态分布表 ·········································· 132
附表 2　$\chi^2$ 分布表 ············································ 134
附表 3　$T$ 分布表 ················································ 138
附表 4　$F$ 分布表 ················································ 140
附表 5　柯尔莫哥洛夫检验的临界值 $D_{n,\alpha}$ 表 ·········· 156
附表 6　$D_n$ 的极限分布函数数值表 ··························· 158
附表 7　常用正交表 ··············································· 159

## 参考文献 ···························································· 168

# 第1章
# 数理统计的基本概念

本章首先介绍数理统计的基本概念:总体、样本、统计量、样本矩、次序统计量、中位数、极差、经验分布函数和直方图等;然后介绍常用的3个抽样分布:$\chi^2$分布、$t$分布和$F$分布;最后给出了一个直方图的应用案例。

## 1.1 基本概念

### 1.1.1 总体和样本

**1. 总体**

【**定义**】研究对象的全体元素组成的集合称为总体,组成总体的每个元素称为个体。

例如:(1)考察某批某型火炮的射程。该批火炮的全体就组成一个总体,而其中每个火炮就是个体。

(2)考察某教学班学员的数学入学成绩。该教学班学员的全体就组成一个总体,每个学员就是一个个体。

但是,在实际应用中,我们所关心的并不是总体中个体的一切方面,往往是个体的某一项或某几项数量指标。如上述例(1)考察火炮的射程时,我们只关心火炮的射程这一指标,由于每个火炮都有一个射程值与之对应,因此,自然地把这批火炮的射程值的全体视为总体,每个火炮的射程值就是个体。我们知道,射程为某一可能值是有一定概率的,所以这批火炮的射程是一个随机变量,记为 $X$。则随机变量 $X$ 的可能取值的全体就是总体。这样就把总体与随机变量联系起来了。即任何一个总体,都可用一个相应的随机变量来描述。总体便视为一个带有确定概率分布的随机变量,对总体的研究就归结为对表示总体某个数量指标的随机变量的研究,今后常用 $X$、$Y$、$Z$ 等表示总体。

**2. 样本**

【定义】从一个总体中随机地抽取 $n$ 个个体 $X_1, X_2, \cdots, X_n$,通常记为 $(X_1, X_2, \cdots, X_n)$,这样取得的 $X_1, X_2, \cdots, X_n$ 称为总体 $X$ 的一个样本,$n$ 称为样本容量。

注:(1)样本 $(X_1, X_2, \cdots, X_n)$ 是一个 $n$ 维随机变量。

(2)样本具有两重性:样本本身是随机变量,而一经抽取又是一组确定的具体值的这种特性。

**3. 简单随机样本**

【定义】满足以下两条性质的样本称为简单随机样本 $(X_1, X_2, \cdots, X_n)$。

(1)独立性:$X_1, X_2, \cdots, X_n$ 是相互独立的随机变量;

(2)代表性:每个 $X_i (i = 1, 2, \cdots, n)$ 与总体 $X$ 具有相同的分布。

**4. 总体和样本的明确数学概念**

一个随机变量 $X$ 或其相应的分布函数 $F(x)$ 称为一个总体。

若随机变量 $X_1, X_2, \cdots, X_n$ 相互独立且每个 $X_i (i = 1, 2, \cdots, n)$ 与总体 $X$ 具有相同的分布,则称 $(X_1, X_2, \cdots, X_n)$ 是来自总体 $X$ 的容量为 $n$ 的简单随机样本,简称为样本。

**5. 样本的分布**

【定理 1.1】设总体 $X$ 的分布函数为 $F(x)$(或分布密度为 $f(x)$ 或分布律为 $P\{X = x^{(i)}\} = P(x^{(i)}), i = 1, 2, \cdots$),则来自总体 $X$ 的样本 $(X_1, X_2, \cdots, X_n)$ 的联合分布函数为 $\prod_{i=1}^{n} F(x_i)$(或联合分布密度为 $\prod_{i=1}^{n} f(x_i)$ 或联合分布律为 $\prod_{i=1}^{n} P(x_i)$)。

### 1.1.2 统计量和样本矩

样本是总体的代表和反映,但在抽取样本之后,并不能直接利用样本进行判断,而需要对样本进行"加工"和"提炼",为此引入统计量。

1. 统计量

**【定义】** 设 $(X_1, X_2, \cdots, X_n)$ 为总体 $X$ 的一个样本,若 $f(X_1, X_2, \cdots, X_n)$ 为一个函数,且 $f$ 中不含任何有关总体分布的未知参数,则称 $f(X_1, X_2, \cdots, X_n)$ 为样本的一个统计量。

例如:设总体 $X \sim N(\mu, \sigma^2)$,$\mu$ 已知,$\sigma^2$ 未知,$X_1, X_2, \cdots, X_n$ 是来自总体 $X$ 的一个样本,则 $\frac{1}{n}\sum_{i=1}^{n}(X_i - \mu)$ 是统计量;$\frac{1}{\sigma}\sum_{i=1}^{n}X_i$ 不是统计量,因为含有未知参数。

**注**:统计量是随机变量。

2. 常用统计量——样本矩

**【定义】** 设 $(X_1, X_2, \cdots, X_n)$ 是从总体 $X$ 中抽取的样本,常用统计量如下:

样本均值:$\overline{X} = \frac{1}{n}\sum_{i=1}^{n}X_i$

样本方差:$S_n^2 = \frac{1}{n}\sum_{i=1}^{n}(X_i - \overline{X})^2 = \frac{1}{n}\sum_{i=1}^{n}X_i^2 - \overline{X}^2$

修正样本方差:$S_n^{*2} = \frac{1}{n-1}\sum_{i=1}^{n}(X_i - \overline{X})^2$

样本标准差:$S_n = \sqrt{\frac{1}{n}\sum_{i=1}^{n}(X_i - \overline{X})^2}$

样本 $k$ 阶原点矩:$A_k = \frac{1}{n}\sum_{i=1}^{n}X_i^k,\quad (k = 1, 2, \cdots)$

样本 $k$ 阶中心矩:$B_k = \frac{1}{n}\sum_{i=1}^{n}(X_i - \overline{X})^k,\quad (k = 1, 2, \cdots)$

由定义可知,$A_1 = \overline{X}, B_2 = S_n^2, S_n^{*2} = \frac{n}{n-1}S_n^2$。

**【性质】**(1)$A_k = \frac{1}{n}\sum_{i=1}^{n}X_i^k \xrightarrow{P} \mu_k, \quad k = 1, 2, \cdots, E(X^k) \xlongequal{\text{记成}} \mu_k$

特别地,
$$\overline{X} \xrightarrow{P} \mu, \text{ 即 } \forall \varepsilon > 0, \lim_{n\to\infty}P\{|\overline{X} - \mu| < \varepsilon\} = 1$$

$$S_n^2 \xrightarrow{P} \sigma^2, \text{即} \forall \varepsilon > 0, \lim_{n \to \infty} P\{|S_n^2 - \sigma^2| < \varepsilon\} = 1$$

(2)设总体 $X$ 具有 $2k$ 阶原点矩,则

$$E(A_k) = \alpha_k$$

$$D(A_k) = \frac{\alpha_{2k} - \alpha_k^2}{n}, \quad \alpha_k = E(X^k) \quad (k = 1, 2, \cdots)$$

特别地,

$$E(\overline{X}) = \mu, \quad D(\overline{X}) = \frac{1}{n}\sigma^2$$

$$E(S_n^2) = \frac{n-1}{n}\sigma^2, \quad E(S_n^{*2}) = \sigma^2$$

### 1.1.3 次序统计量、经验分布函数和直方图

**1. 次序统计量**

【定义】设 $(X_1, X_2, \cdots, X_n)$ 是从总体 $X$ 中抽取的一个样本,$(x_1, x_2, \cdots, x_n)$ 为样本的一个观察值,将其各个分量按由小到大的序列重新排列:

$$x_{(1)} \leq x_{(2)} \leq \cdots \leq x_{(n)}$$

当 $(X_1, X_2, \cdots, X_n)$ 取值为 $(x_1, x_2, \cdots, x_n)$ 时,定义 $X_{(k)}$ 取值为 $x_{(k)}$ ($k = 1, 2, \cdots, n$),由此得到的 $(X_{(1)}, X_{(2)}, \cdots, X_{(n)})$,称为样本 $(X_1, X_2, \cdots, X_n)$ 的次序统计量。

注:(1) $X_{(1)} \leq X_{(2)} \leq \cdots \leq X_{(n)}$;

(2) $X_{(1)}, X_{(2)}, \cdots, X_{(n)}$ 也是统计量;

(3) $X_{(1)} = \min_{1 \leq i \leq n} X_i$ 称为最小次序统计量,$X_{(n)} = \max_{1 \leq i \leq n} X_i$ 称为最大次序统计量。

**2. 最小、最大次序统计量的分布及次序统计量的联合分布**

【定理1.2】设总体的分布密度为 $f(x)$(或分布函数为 $F(x)$),$(X_1, X_2, \cdots, X_n)$ 是 $X$ 的样本,$(X_{(1)}, X_{(2)}, \cdots, X_{(n)})$ 为其次序统计量,则

(1) $X_{(1)}$ 的概率密度函数为 $f_{X_{(1)}}(x) = n[1 - F(x)]^{n-1} f(x)$;

(2) $X_{(n)}$ 的概率密度函数为 $f_{X_{(n)}}(x) = n[F(x)]^{n-1} f(x)$;

(3) $(X_{(1)}, X_{(2)}, \cdots, X_{(n)})$ 的联合分布密度为

$$f_{(X_{(1)}, X_{(2)}, \cdots, X_{(n)})}(x_{(1)}, x_{(2)}, \cdots, x_{(n)}) = \begin{cases} n! \prod_{k=1}^{n} f(x_{(k)}) & x_{(1)} < x_{(2)} < \cdots < x_{(n)} \\ 0 & \text{其他} \end{cases}$$

## 3. 样本中位数和样本极差

样本中位数定义为

$$\tilde{X} = \begin{cases} X_{(\frac{n+1}{2})} & n\text{ 为奇数} \\ \dfrac{1}{2}\left[X_{(\frac{n}{2})} + X_{(\frac{n}{2}+1)}\right] & n\text{ 为偶数} \end{cases}$$

它的值记为

$$\tilde{x} = \begin{cases} x_{(\frac{n+1}{2})} & n\text{ 为奇数} \\ \dfrac{1}{2}\left[x_{(\frac{n}{2})} + x_{(\frac{n}{2}+1)}\right] & n\text{ 为偶数} \end{cases}$$

样本极差定义为

$$R = X_{(n)} - X_{(1)} = \max_{1 \leq i \leq n} X_i - \min_{1 \leq i \leq n} X_i$$

它的值记为

$$r = x_{(n)} - x_{(1)} = \max_{1 \leq i \leq n} x_i - \min_{1 \leq i \leq n} x_i$$

样本中位数 $\tilde{X}$ 不受异常值的影响，所以有时估计总体均值用样本中位数比用样本均值效果更好。样本极差 $R$ 是样本最大值与最小值之差，它与样本方差一样是反映样本值的变化幅度或离散程度的数字特征，计算方便，在实际中有广泛的应用。

## 4. 经验分布函数

**【定义】** 设 $(X_1, X_2, \cdots, X_n)$ 是来自总体 $X$ 的样本，样本的次序统计量为 $(X_{(1)}, X_{(2)}, \cdots, X_{(n)})$，当给定一组次序统计量的值 $x_{(1)} \leq x_{(2)} \leq, \cdots, \leq x_{(n)}$ 时，对任意实数 $x$，称函数

$$F_n(x) = \begin{cases} 0 & x \leq x_{(1)} \\ \dfrac{k}{n} & x_{(k)} \leq x < x_{(k+1)}, k = 1, 2, \cdots, n-1 \\ 1 & x \geq x_{(n)} \end{cases}$$

为总体 $X$ 的经验分布函数。

**【性质】** (1) $F_n(x)$ 具有通常分布函数的性质；

(2) $F_n(x)$ 是随机变量，且服从二项分布；

(3) $F_n(x)$ 与 $F(x)$（理论分布函数）的关系——格列汶科 (Glivenko) 定理。

**【定理 1.3　Glivenko 定理】** 当 $n \to \infty$ 时,$F_n(x)$ 以概率 1 关于 $x$ 均匀地收敛于 $F(x)$,即 $P\{\lim_{n \to \infty}(\sup_{-\infty < x < \infty}|F_n(x) - F(x)|) = 0\} = 1$。

定理说明,当 $n$ 无限增大时,对于所有的 $x$ 值,经验分布函数 $F_n(x)$ 与总体分布函数 $F(x)$ 之差的绝对值一致地越来越小,这个事件发生的概率为 1。

5. 直方图

直方图是用来近似描述连续型随机变量的密度函数曲线的。当样本容量 $n$ 越大,且分组比较细时,近似程度也就越好。实际应用中常用于考察变量的分布是否服从某种分布类型。

构造直方图的步骤如下。

假设 $x_1, x_2, \cdots, x_n$ 为连续型总体 $X$ 的样本观测值:

(1) 求出样本观测值 $x_1, x_2, \cdots x_n$ 的极差 $x_{(n)} - x_{(1)}$;

(2) 确定组数与组距。

将包含 $x_{(1)}, x_{(n)}$ 的区间 $[a, b]$ 分成 $m$ 个小区间:$[t_i, t_{i+1})$,$i = 1, 2, \cdots, m$,其中 $a$ 略小于 $x_1$,$b$ 略大于 $x_n$,$m$ 不能太小,也不能太大,一般的经验公式是:$m \approx 1.87(n-1)^{0.4}$,组距 $= (b-a)/m$。各上、下限的公式为:$t_{i+1} = t_i + \frac{b-a}{m}$,$i = 1, 2, \cdots, m$,$t_1 = a$。

(3) 计算落入各区间样品个数,计落入区间 $[t_i, t_{i+1})$ 内的样品个数为 $v_i$,称 $f_i = \frac{v_i}{n}$ 为样本落入区间 $[t_i, t_{i+1})$,$i = 1, 2, \cdots, m$ 内的频率。

(4) 作图。在 $xOy$ 平面上,以 $x$ 轴上第 $i$ 个小区间 $[t_i, t_{i+1})$ 为底,以 $\frac{f_i}{t_{i+1} - t_i}$ 为高作第 $i$ 个长方形,这样一排竖着的长方形所构成的图形就称为直方图。第 $i$ 个长方形的面积为 $f_i$,所有长方形的面积之和为 1。沿直方图边缘的曲线就是连续型总体的密度函数曲线的近似曲线。直方图的应用案例见 1.3 节。

## 1.2　抽样分布

统计量是随机变量,因此也有分布。统计量的分布称为抽样分布。常用的抽样分布有 $\chi^2$ 分布、$t$ 分布和 $F$ 分布。正态分布的样本均值和方差的分布也是常用的抽样分布。

## 1.2.1 $\chi^2$ 分布

**1.$\chi^2$ 分布的定义**

【定义】设随机变量 $X_1, X_2, \cdots, X_n$ 相互独立且服从 $N(0,1)$，则称

$$\chi_n^2 = X_1^2 + X_2^2 + \cdots + X_n^2 = \sum_{i=1}^{n} X_i^2 \tag{1.1}$$

服从自由度为 $n$ 的 $\chi^2$ 分布，记为 $\chi_n^2 \sim \chi^2(n)$，其中 $n$ 表示上式中的独立变量的个数。

**2.$\chi^2$ 分布的概率密度**

$$\varphi(x) = \begin{cases} \dfrac{1}{2^{\frac{n}{2}}\Gamma\left(\dfrac{n}{2}\right)} e^{-\frac{x}{2}} x^{\frac{n}{2}-1} & x > 0 \\ 0 & x \leq 0 \end{cases} \tag{1.2}$$

式中：$\Gamma\left(\dfrac{n}{2}\right)$ 是伽马函数 $\Gamma(\alpha) = \int_0^\infty x^{\alpha-1} e^{-x} dx$ 在 $\alpha = \dfrac{n}{2}$ 处的值。$\chi^2$ 分布的概率密度曲线如图 1-1 所示（MATLAB 程序代码见本章附录1）。

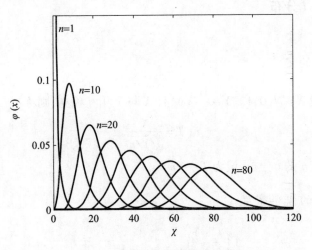

图 1-1  卡方分布的概率密度曲线

3. $\chi^2$ 分布的性质

(1) $E(\chi_n^2) = n, D(\chi_n^2) = 2n$；

(2) 若 $\chi_1^2 \sim \chi^2(n), \chi_2^2 \sim \chi^2(m)$，且 $\chi_1^2$ 与 $\chi_2^2$ 相互独立，则
$$\chi_1^2 + \chi_2^2 \sim \chi^2(n+m)$$

注：可推广到多个变量的情形。

(3) $\chi^2$ 变量的极限分布是正态分布，即
$$\lim_{n \to \infty} P\left\{ \frac{\chi_n^2 - n}{\sqrt{2n}} \leq x \right\} = \frac{1}{\sqrt{2\pi}} \int_{-\infty}^{x} e^{-\frac{t^2}{2}} dt$$

当 $n$ 很大时，$\frac{\chi_n^2 - n}{\sqrt{2n}} \overset{近似}{\sim} N(0,1)$。

(4) 柯赫伦分解定理。设 $X_1, X_2, \cdots, X_n$ 相互独立且 $X_i \sim N(0,1)(i=1,2,\cdots,n)$，
$$\varphi = \sum_{i=1}^{n} X_i^2$$

$\varphi$ 是自由度为 $n$ 的 $\chi^2$ 变量。若 $\varphi$ 可分解成
$$\varphi = \varphi_1 + \varphi_2 + \cdots + \varphi_k$$

其中，$\varphi_i(i=1,2,\cdots,k)$ 是秩为 $n_i$ 的关于 $(X_1, X_2, \cdots, X_n)$ 的非负二次型，则 $\varphi_i(i=1,2,\cdots,k)$ 相互独立且 $\varphi_i \sim \chi^2(n_i)$ 的充分必要条件是 $n_1 + n_2 + \cdots + n_k = n$。

### 1.2.2　$t$ 分布

1. $t$ 分布的定义

【定义】设 $X \sim N(0,1), Y \sim \chi^2(n)$，且 $X$ 与 $Y$ 相互独立，则称
$$T = \frac{X}{\sqrt{Y/n}} \tag{1.3}$$

服从自由度为 $n$ 的 $t$ 分布，记为 $T \sim t(n)$。

2. $t$ 分布的概率密度

$$\varphi_T(x) = \frac{\Gamma\left(\frac{n+1}{2}\right)}{\sqrt{n\pi}\,\Gamma\left(\frac{n}{2}\right)} \left(1 + \frac{x^2}{n}\right)^{-\frac{n+1}{2}}, \quad -\infty < x < +\infty \tag{1.4}$$

$t$ 分布的概率密度曲线见图 1-2(MATLAB 程序代码见本章附录 1)。

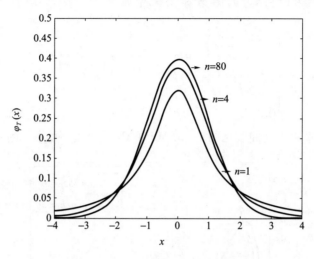

图 1-2 $t$ 分布的概率密度曲线

3. $t$ 分布的性质

(1) $T \sim t(n)$,当 $n>2$ 时,$E(T)=0$,$D(T)=\dfrac{n}{n-2}$;

(2) $t$ 分布的极限分布是标准正态分布,即

$$\lim_{n \to \infty} \varphi_T(t) = \frac{1}{\sqrt{2\pi}} e^{-\frac{t^2}{2}}$$

### 1.2.3 $F$ 分布

1. $F$ 分布的定义

【定义】设 $X \sim \chi^2(n_1)$,$Y \sim \chi^2(n_2)$,且 $X$ 与 $Y$ 相互独立,则称

$$F = \frac{X/n_1}{Y/n_2} \tag{1.5}$$

服从自由度为 $(n_1,n_2)$ 的 $F$ 分布,记为 $F \sim F(n_1,n_2)$,$n_1$ 称为第一自由度,$n_2$ 称为第二自由度。

2. 自由度为 $(n_1, n_2)$ 的 $F$ 分布的概率密度

$$\varphi_F(x) = \begin{cases} \dfrac{\Gamma\left(\dfrac{n_1+n_2}{2}\right)}{\Gamma\left(\dfrac{n_1}{2}\right)\Gamma\left(\dfrac{n_2}{2}\right)}\left(\dfrac{n_1}{n_2}\right)\left(\dfrac{n_1}{n_2}x\right)^{\frac{n_1}{2}-1}\left(1+\dfrac{n_1}{n_2}x\right)^{-\frac{n_1+n_2}{2}} & x > 0 \\ 0 & x \leqslant 0 \end{cases} \quad (1.6)$$

$F$ 分布的概率密度曲线见图 1-3(MATLAB 程序代码见本章附录 1)。

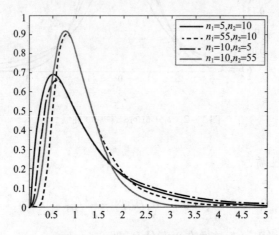

图 1-3 $F$ 分布的概率密度曲线

3. $F$ 分布的性质

(1) 设 $F \sim F(n_1, n_2)$，则

$$E(F) = \frac{n_2}{n_2-2}, \quad (n_2 > 2)$$

$$D(F) = \frac{2n_2^2(n_1+n_2-2)}{n_1(n_2-2)^2(n_2-4)}, \quad (n_2 > 4)$$

(2) 设 $F \sim F(n_1, n_2)$，则 $\dfrac{1}{F} \sim F(n_2, n_1)$；

(3) 当 $n_1$ 充分大且 $n_2 > 4$ 时，

$$F(n_1, n_2) \sim N\left(\frac{n_2}{n_2-2}, \frac{2n_2^2(n_1+n_2-2)}{n_1(n_2-2)^2(n_2-4)}\right)$$

因为 $F \sim F(n_1, n_2)$，当 $n_2 > 4$ 时，对 $\forall x$，有

$$\lim_{n\to\infty} P\left\{\frac{F-E(F)}{\sqrt{D(F)}} \leqslant x\right\} = \int_{-\infty}^{x} \frac{1}{\sqrt{2\pi}} e^{-\frac{t^2}{2}} dt$$

(4) $X_1, X_2, \cdots, X_n$ 相互独立,且同服从 $N(0, \sigma^2)$,$\varphi_i (i=1,2,\cdots,k)$ 是秩为 $n_i$ 的关于 $(X_1, X_2, \cdots, X_n)$ 的非负二次型,且 $\varphi_1 + \varphi_2 + \cdots + \varphi_k = \sum_{i=1}^{n} X_i^2$,$n_1 + n_2 + \cdots + n_k = n$,则 $F_{ij} = \frac{\varphi_i}{\varphi_j} \cdot \frac{n_j}{n_i} \sim F(n_1, n_2)$。

### 1.2.4 概率分布的分位数

**1. 上 α 分位数的定义**

【定义】设 $X$ 是随机变量,对于给定的实数 $\alpha (0 < \alpha < 1)$,若存在 $x_\alpha$,使 $P\{X > x_\alpha\} = \alpha$,则称 $x_\alpha$ 为 $X$ 的上 α 分位数。

**2. $\chi^2$、$t$、$F$ 分布的上 α 分位数**

(1) $\chi^2$ 分布

$\chi_\alpha^2(n) : P\{\chi^2 > \chi_\alpha^2(n)\} = \alpha$,当 $n > 45$ 时,$\chi_\alpha^2(n) \approx \frac{1}{2}(u_\alpha + \sqrt{2n-1})$,其中 $u_\alpha$ 是标准正态分布的上 α 分位数。

(2) $t$ 分布

$t_\alpha(n) : P\{T > t_\alpha(n)\} = \alpha$,$t_\alpha(n) = t_{1-\alpha}(n)$,当 $n > 45$ 时,$t_\alpha(n) \approx u_\alpha$。

(3) $F$ 分布

$F_\alpha(n_1, n_2) : P\{F > F_\alpha(n_1, n_2)\} = \alpha$,$F_{1-\alpha}(n_2, n_1) = \frac{1}{F_\alpha(n_2, n_1)}$。

### 1.2.5 正态总体样本均值和方差的分布

**1. 单个正态总体的样本均值和方差**

【定理 1.4】设 $X_1, X_2, \cdots, X_n$ 是来自正态总体 $N(\mu, \sigma^2)$ 的一个样本,则

(1) $\overline{X} \sim N\left(\mu, \frac{\sigma^2}{n}\right)$,$\frac{\overline{X} - \mu}{\sigma/\sqrt{n}} \sim N(0,1)$,

$$U = a_1X_1 + a_2X_2 + \cdots + a_nX_n \sim N\left(\mu\sum_{i=1}^{n}a_i, \sigma^2\sum_{i=1}^{n}a_i^2\right)$$

(2) $\dfrac{(n-1)S_n^{*2}}{\sigma^2} = \dfrac{1}{\sigma^2}\sum_{i=1}^{n}(X_i - \overline{X})^2 \sim \chi^2(n-1)$

这里需注意的是自由度是 $n-1$ 而不是 $n$。证明过程见本章附录2。

(3) $\overline{X}$ 与 $S_n^{*2}$ 相互独立；

(4) $T = \dfrac{\overline{X} - \mu}{S_n^*/\sqrt{n}} \sim t(n-1)$。

### 2. 两个正态总体的样本均值和方差

**【定理1.5】** 设 $X_1, X_2, \cdots, X_{n_1}$ 与 $Y_1, Y_2, \cdots, Y_{n_2}$ 分别来自正态总体 $N(\mu_1, \sigma_1^2)$ 和 $N(\mu_2, \sigma_2^2)$ 的样本，且这两个样本相互独立，设

$$\overline{X} = \frac{1}{n_1}\sum_{i=1}^{n_1}X_i, \overline{Y} = \frac{1}{n_2}\sum_{j=1}^{n_2}Y_j$$

$$S_1^{*2} = \frac{1}{n_1-1}\sum_{i=1}^{n_1}(X_i - \overline{X})^2, S_2^{*2} = \frac{1}{n_2-1}\sum_{j=1}^{n_2}(Y_j - \overline{Y})^2$$

则

(1) $\dfrac{S_1^{*2}/S_2^{*2}}{\sigma_1^2/\sigma_2^2} \sim F(n_1-1, n_2-1)$

(2) 当 $\sigma_1^2 = \sigma_2^2 = \sigma^2$ 时，$\dfrac{\overline{X} - \overline{Y} - (\mu_1 - \mu_2)}{S_w\sqrt{\dfrac{1}{n_1} + \dfrac{1}{n_2}}} \sim t(n_1 + n_2 - 2)$

其中

$$S_w^2 = \frac{(n_1-1)S_1^{*2} + (n_2-1)S_2^{*2}}{n_1 + n_2 - 2}, S_w = \sqrt{S_w^2}$$

## 1.3 应用案例

随着计算机的普及，现代统计方法的应用变得普遍和深入，利用软件实现统计分析已成必然趋势。考虑到工科硕士学员的专业及实际背景，本书的应用案例使用 Excel、MATLAB、SPPS、R 和 Python 五种软件进行统计计算，Excel 如果没有加载

数据分析这个菜单,可以通过加载宏来实现。本书案例分析计算的每一步都给出了详细的求解步骤。

**【例 1.3.1】** 观察某多管火箭射弹落点的分布,直观的方法就是制作落点的频率直方图。

**【分析】** 由于试验总是分组进行,组与组之间存在着系统误差(也可称为当日误差),因而不能直接混合制作直方图。单组数据一般只有几发或十几发,数据太少制作直方图精度差,不能反映落点的分布形态。因此,要制作精度较高的落点直方图,就需要把不同组数据混合起来。为克服不同组数据间的系统误差,可采取位置平移的方法,将每一个样本分量减去样本的均值,这样并没改变每个样本量的相对位置,所以不改变落点的分布形态,但能消除组系统误差的影响。下面给出100个模拟数据,然后画直方图。模拟数据见表1-1。每种软件的操作过程都有视频,分别为:例1.3.1 录像——例1.3.1_SPSS.avi,例1.3.1_MATLAB.avi,例1.3.1_Excel.avi。参见相关网站。

表 1-1 模拟数据

| | | | | |
|---|---|---|---|---|
| 17.28 | -254.95 | 135.56 | -229.16 | 72.91 |
| 60.80 | -23.84 | 68.60 | -5.21 | 338.31 |
| -214.78 | 158.34 | -134.79 | -35.45 | -30.20 |
| -35.54 | -25.12 | 42.41 | -47.16 | 24.45 |
| 173.60 | 140.21 | 133.64 | 52.73 | -7.09 |
| -92.04 | -7.88 | -66.66 | 45.11 | 151.19 |
| -136.19 | -77.48 | -41.42 | -95.89 | 100.97 |
| 102.84 | -45.37 | -307.20 | 21.38 | 22.77 |
| 26.00 | -2.98 | -168.68 | -179.37 | -12.44 |
| -23.85 | -67.31 | 93.07 | 134.56 | 134.32 |
| -100.43 | 89.25 | 341.46 | -248.38 | -330.04 |
| 216.75 | 166.31 | -113.32 | -158.18 | 215.95 |
| -170.61 | 68.84 | 134.47 | -149.27 | 143.26 |
| -275.78 | -144.02 | 236.44 | -32.04 | 75.13 |
| -44.39 | 62.23 | 127.88 | 14.61 | 78.23 |
| -8.89 | -47.22 | -68.30 | 59.73 | 122.43 |

续表

| -101.90 | -31.36 | 139.47 | 142.20 | 216.85 |
| --- | --- | --- | --- | --- |
| 250.90 | -260.18 | -134.77 | 34.50 | 327.41 |
| 60.57 | 85.04 | 74.91 | -232.50 | 49.10 |
| -128.46 | 32.58 | -107.09 | -55.59 | 119.37 |

**【软件计算】**

1. SPSS 软件：Graphs – Histogram

运行结果如图 1-4 所示。

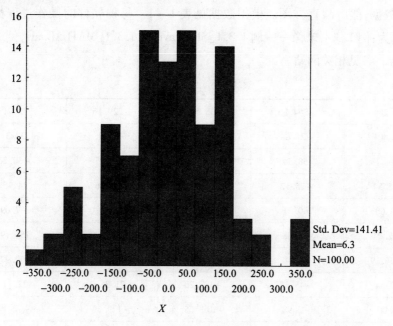

图 1-4　直方图

2. MATLAB 软件

```
x=[17.28,…,119.37];
[a,b]=hist(x,15);
a=a/length(x);
bar(b,a);
```

将以上程序在 Command Window 中运行,结果如图 1-5 所示。

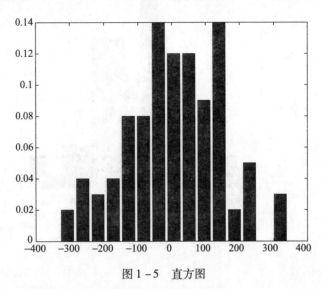

图 1-5 直方图

3. Excel 软件:工具 – 数据分析 – 直方图

运行结果如图 1-6 所示。

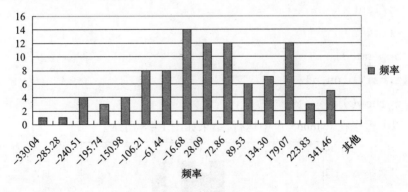

图 1-6 直方图

4. R 软件

x < -c(17.28,…,119.37)
hist(x,breaks =15,col = "blue",ylab = "频率")

将以上程序在 R Console 中运行,结果如图 1-7 所示。

015

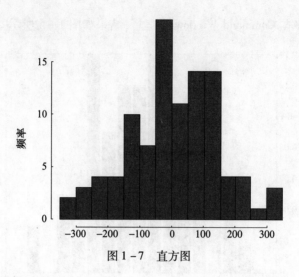

图1-7 直方图

### 5. Python 软件

```
import matplotlib.pyplot as plt
x = [17.28,…,119.37]
n,bins,patches = plt.hist(x,bins =15)
a = n/len(x)
a = list(a)
a.append(0)
plt.bar(bins,a)
plt.show()
```

将以上程序在 Python3.6 中运行,结果如图 1-8 所示。

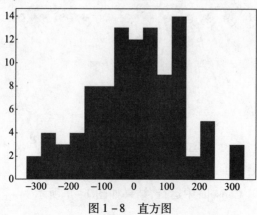

图1-8 直方图

## 附录1.1 统计软件简介

### 1. SPSS

统计产品与服务解决方案(statistical product and service solutions, SPSS)软件，是IBM公司推出的一系列用于统计学分析运算、数据挖掘、预测分析和决策支持任务的软件产品及相关服务的总称。SPSS for Window是一个组合式软件包，它集数据录入、整理、分析功能于一身，用户可以根据实际需要和计算机的功能选择模块，以降低对系统硬盘容量的要求。

SPSS的基本功能包括数据管理、统计分析、图表分析、输出管理等。SPSS统计分析过程包括描述性统计、均值比较、一般线性模型、相关分析、回归分析、对数线性模型、聚类分析、数据简化、生存分析、时间序列分析、多重响应等几大类，每类中又分好几个统计过程，例如，回归分析中又分线性回归分析、曲线估计、Logistic回归、Probit回归、加权估计、两阶段最小二乘法、非线性回归等多个统计过程，而且每个过程中又允许用户选择不同的方法及参数。SPSS也有专门的绘图系统，可以根据数据绘制各种图形。

SPSS for Window的分析结果清晰、直观、易学易用，而且可以直接读取Excel及DBF数据文件，现已推广到各种操作系统的计算机上，在国际学术界有条不成文的规定，即在国际学术交流中，凡是用SPSS软件完成的计算和统计分析，可以不必说明算法，由此可见其影响之大和信誉之高。

### 2. MATLAB

MATLAB是matrix&laboratory两个词的组合，意为矩阵工厂(矩阵实验室)，由美国Mathworks公司出品，具有其他软件不可比拟的操作简单、接口方便、扩充能力强等优势。

MATLAB将数值分析、矩阵计算、科学数据可视化以及非线性动态系统的建模和仿真等诸多强大功能集成在一个易于使用的视窗环境中，可以进行矩阵运算、绘制函数和数据、实现算法、创建用户界面、连接其他编程语言的程序等，主要应用于工程计算、控制设计、信号处理与通信、图像处理、信号检测、金融建模设计与分析等领域。主要用于算法开发、科学计算、数据可视化、数据分析以及数值计算的高级技术计算语言和交互式环境,为科学研究、工程设计以及必须进行有效数值计算的众多科学领域提供了一种全面的解决方案。

MATLAB统计工具箱包括概率分布、方差分析、假设检验、分布检验、非参数检验、回归分析、判别分析、主成分分析、因子分析、系统聚类分析、K均值聚类分析、试验设计、决策树、多元方差分析、统计过程控制和统计图形绘制等,几乎包括了数理统计方面所有的概念、理论、方法和算法及其实现,功能已超任何其他专用的统计软件。

3. Excel

Excel是Microsoft公司开发的Office办公软件中最重要的组件之一,由于其采用电子表格技术,从诞生起便与数据统计分析有着必然的联系。

Excel软件的最大优点是普及率高,使用简单,覆盖常用的统计方法,能满足一般工作的需要,其更强大的功能主要体现在对数据的自动处理和计算上。使用Excel可以完成很多专业软件才能完成的数据统计、分析工作,例如:直方图、相关系数、协方差、各种概率分布、抽样与动态模拟、总体均值判断、均值推断、线性、非线性回归、多元回归分析、时间序列等。

同许多著名的专业统计软件相比,Excel也有一些明显的缺点,例如自动化程度不高,需要掌握一些基本统计公式,功能也不够强大,有些统计计算不能直接计算完成等。随着Excel版本的不断提高,Excel统计分析功能也逐渐强大,目前通过加载宏添加的数据分析工具使复杂的统计分析变得快捷和易于计算完成。

注意:所有操作将通过Excel"分析数据库"工具完成,如果没有安装这项功能,请依次选择"工具"—"加载宏",在安装光盘中加载"分析数据库"。加载成功后,可以在"工具"下拉菜单中看到"数据分析"选项。

4. R软件

R软件是一套完整的数据处理、计算和制图软件系统,其功能包括:数据存储和处理系统;数组运算工具(其向量、矩阵运算方面功能尤其强大);完整连贯的统计分析工具;优秀的统计制图功能;简便而强大的编程语言:可操纵数据的输入和输出,可实现分支、循环,用户可自定义功能。R并不是仅仅提供若干统计程序、使用者只需指定数据库和若干参数便可进行一个统计分析。R的思想是:它可以提供一些集成的统计工具,但更大量的是它提供各种数学计算、统计计算的函数,从而使使用者能灵活机动地进行数据分析,甚至创造出符合需要的新的统计计算方法。

R 语言是统计领域广泛使用的,诞生于 1980 年左右的 S 语言的一个分支。S 语言是由 AT&T 贝尔实验室开发的一种用来进行数据探索、统计分析、作图的解释型语言。该语言的语法表面上类似 C 语言,但在语义上是函数设计语言(functional programming language)的变种并且和 Lisp 以及 APL 有很强的兼容性,特别的是,它允许在"语言上计算"(computing on the language)。这使得它可以把表达式作为函数的输入参数,而这种做法对统计模拟和绘图非常有用。

R 是一个免费的自由软件,它有 Unix、Linux、MacOS 和 Windows 版本,都是可以免费下载和使用的。在 R 主页可以下载到 R 的安装程序、各种外挂程序和文档。在 R 的安装程序中只包含了 8 个基础模块,其他外在模块可以通过 CRAN 获得。

5. Python 语言

Python 是一种面向对象的解释型计算机程序设计语言,由荷兰人 Guido van Rossum 于 1989 年发明。Python 是纯粹的自由软件,源代码和解释器 CPython 遵循 GPL(GNU general public license)协议。

数理统计中 Python 语言相关扩展库主要包括:①NumPy。提供真正的数组,相比 Python 内置列表来说速度更快,是 NumPy 也是 Scipy、Matplotlib、Pandas 等库的依赖库。②Scipy。Scipy 提供了真正的矩阵,以及大量基于矩阵运算的对象与函数。Scipy 包含功能有最优化、线性代数、积分、插值、拟合、特殊函数、快速傅里叶变换、信号处理、图像处理、常微分方程求解等常用计算。③Matplotlib。Python 中著名的绘图库,主要用于二维绘图,也可以进行简单的三维绘图。④Pandas。Pandas 是 Python 下非常强大的数据分析工具,支持类似 SQL 的增删改查,并具有丰富的数据处理函数,支持时间序列分析功能,支持灵活处理缺失数据等。Pandas 基本数据结构是 Series 和 DataFrame。Series 就是序列,类似一维数组,DataFrame 则相当于一张二维表格,类似二维数组,它每一列都是一个 Series。为定位 Series 中的元素,Pandas 提供了 Index 对象,类似主键。⑤Scikit - Learn。Scikit - Learn 是 Python 中强大的机器学习库,提供了诸如数据预处理、分类、回归、聚类、预测和模型分析等功能。⑥Keras。Keras 是基于 Theano 的深度学习库,不仅可以搭建普通神经网络,还可搭建各种深度学习模型,如自编码器、循环神经网络、递归神经网络、卷积神经网络等;运行速度快,简化了搭建各种神经网络模型的步骤;允许普通用户轻松搭建几百个输入节点的深层神经网络,定制度高。

## 附录1.2 本章图形程序代码

1. 程序代码

图 1-9 为卡方分布的概率密度曲线。

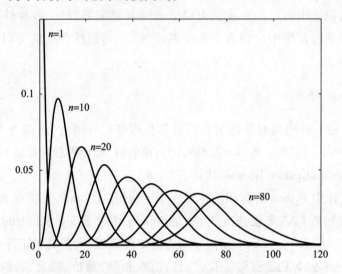

图1-9 卡方分布的概率密度曲线

(1)图1.2.1 的 MATLAB 程序代码

```
x=0:1:120;
y=[chi2pdf(x,1);chi2pdf(x,10);chi2pdf(x,20);chi2pdf(x,30);
  chi2pdf(x,40);chi2pdf(x,50);chi2pdf(x,60);chi2pdf(x,70);
chi2pdf(x,80)];
  plot(x,y,'r','LineWidth',2);
  text(3,0.14,'n=1','FontSize',14),text(12,0.092,'n=10','FontSize',14),
  text(21,0.065,'n=20','FontSize',14),text(88,0.03,'n=80','FontSize',14)
```

axis([0 120 0 0.15]);

注:将以上代码存储为 kafang.m 文件运行即可。

(2) 图1.2.1 的 R 软件代码

```
curve(dchisq(x,1),0,120,ylim=c(0,0.15),col='red',lwd=2)
curve(dchisq(x,10),0,120,col='red',add=TRUE,lwd=2)
curve(dchisq(x,20),0,120,col='red',add=TRUE,lwd=2)
curve(dchisq(x,30),0,120,col='red',add=TRUE,lwd=2)
curve(dchisq(x,40),0,120,col='red',add=TRUE,lwd=2)
curve(dchisq(x,50),0,120,col='red',add=TRUE,lwd=2)
curve(dchisq(x,60),0,120,col='red',add=TRUE,lwd=2)
curve(dchisq(x,70),0,120,col='red',add=TRUE,lwd=2)
curve(dchisq(x,80),0,120,col='red',add=TRUE,lwd=2)
text(x=c(6,15,26,90),y=c(0.14,0.092,0.065,0.03),labels=c("n=1","n=10","n=20","n=80"))
```

(3) 图1.2.1 的 Python 程序代码

```
import numpy as np
from scipy import stats
import matplotlib.pyplot as plt
x=np.linspace(1,120,120)
y=[stats.chi2.pdf(x,1),stats.chi2.pdf(x,10),stats.chi2.pdf(x,20),stats.chi2.pdf(x,30),stats.chi2.pdf(x,40),stats.chi2.pdf(x,50),stats.chi2.pdf(x,60),stats.chi2.pdf(x,70),stats.chi2.pdf(x,80)]
for i in range(len(y)):
    plt.plot(x,y[i],color="red",linewidth=2)
plt.text(3,0.14,u'n=1',fontsize=14)
plt.text(12,0.092,u'n=10',fontsize=14)
plt.text(21,0.065,u'n=20',fontsize=14)
plt.text(88,0.03,u'n=80',fontsize=14)
plt.axis([0,120,0,0.15])
plt.show()
```

2. 程序代码

图 1-10 为 $t$ 分布的概率密度曲线。

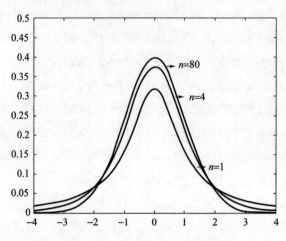

图 1-10  $t$ 分布的概率密度曲线

(1)图 1.2.2 的 MATLAB 程序代码

```
x = -4:0.01:4;
y = [tpdf(x,1);tpdf(x,4);tpdf(x,80)];
plot(x,y,'r','LineWidth',2);
text(1.4,0.12,'\rightarrow n =1','FontSize',14),
text(0.68,0.3,'\rightarrow n =4','FontSize',14),
text(0.4,0.38,'\rightarrow n =80','FontSize',14)
axis([-4 4 0 0.5]);
```

注:将以上代码存储为 t.m 文件运行即可。

(2)图 1.2.2 的 R 软件代码

```
curve(dt(x,1), -4,4,ylim = c(0,0.5),col = 'red',lwd = 2)
curve(dt(x,4), -4,4,col = 'red',add = TRUE,lwd = 2)
curve(dt(x,80), -4,4,col = 'red',add = TRUE,lwd = 2)
arrows(x0 = c(1.3,0.6,0.3), y0 = c(0.12,0.3,0.38), x1 = c(1.8,1.08,0.8),y1 = c(0.12,0.3,0.38),lwd = 2,length = 0.1)
text(x = c(2.1,1.38,1.1),y = c(0.12,0.3,0.38),labels = c("n = 80","n = 4","n = 1")
```

(3)图1.2.2 的 Python 程序代码

```
import numpy as np
import matplotlib.pyplot as plt
from scipy import stats
x = np.linspace( -4,4,801)
y = [stats.t.pdf(x,1),stats.t.pdf(x,4),stats.t.pdf(x,80)]
for i in range(len(y)):
    plt.plot(x,y[i],color = "red",linewidth =2)
plt.text(1.4,0.12,u'→n =1',fontsize =14)
plt.text(0.68,0.3,u'→n =4',fontsize =14)
plt.text(0.4,0.38,u'→n =80',fontsize =14)
plt.axis([ -4,4,0,0.5])
plt.show( )
```

3. 程序代码

图1-11 为 $F$ 分布的概率密度曲线。

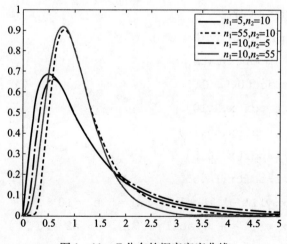

图1-11  $F$ 分布的概率密度曲线

(1)图1.2.3 的 MATLAB 程序代码

```
x = 0:.1:5;
y1 = fpdf(x,5,10);
y2 = fpdf(x,55,10);
```

```
y3 = fpdf(x,10,5);
y4 = fpdf(x,10,55);
plot(x,y1,'k',x,y2,'--k',x,y3,'-.k',x,y4,':k')
legend('n_{1}=5,n_{2}=10','n_{1}=55,n_{2}=10','n_{1}=10,n_{2}=5','n_{1}=10,n_{2}=55')
axis([0 5 0 1]);
```

注:将以上代码存储为 F.m 文件运行即可。

(2) 图1.2.3 的 R 软件代码

```
curve(df(x,5,10),0,5,ylim=c(0,1),col='red',lwd=2,lty=1)
curve(df(x,55,10),0,5,col='red',add=TRUE,lwd=2,lty=2)
curve(df(x,10,5),0,5,col='blue',add=TRUE,lwd=2,lty=3)
curve(df(x,10,55),0,5,col='blue',add=TRUE,lwd=2,lty=4)
legend("topright",inset=.05,legend=c("n1=5,n2=10","n1=55,n2=10","n1=10,n2=5","n1=10,n2=55"),lty=c(1,2,3,4),col=c("blue","blue","red","red"))
```

(3) 图1.2.3 的 Python 程序代码

```
import numpy as np
import matplotlib.pyplot as plt
from scipy import stats
x = np.linspace(0,5,501)
y1 = stats.f.pdf(x,5,10)
y2 = stats.f.pdf(x,55,10)
y3 = stats.f.pdf(x,10,5)
y4 = stats.f.pdf(x,10,55)
plt.plot(x,y1,'-',label="$n1=5,n2=10$")
plt.plot(x,y2,'--',label="$n1=55,n2=10$")
plt.plot(x,y3,'-.',label="$n1=10,n2=5$")
plt.plot(x,y4,':',label="$n1=10,n2=55$")
plt.axis([0,5,0,1])
plt.legend()
plt.show()
```

### 4. 伽马函数的图形

图 1-12 为 $\Gamma(\alpha) = \int_0^\infty x^{\alpha-1} e^{-x} dx (\alpha > 0)$ 的图形。

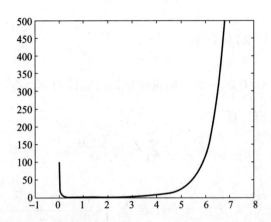

图 1-12　伽马函数 $\Gamma(\alpha) = \int_0^\infty x^{\alpha-1} e^{-x} dx (\alpha > 0)$ 的图形

(1) 伽马函数图形的 MATLAB 程序代码

```
x=0:0.01:8
plot(x,gamma(x),'r','LineWidth',2)
axis([-1 8 0 500]);
```

(2) 伽马函数图形的 R 软件代码

```
curve(gamma,0,6.8,col='red',lwd=2)
```

(3) 伽马函数图形的 Python 程序代码

```
import numpy as np
import matplotlib.pyplot as plt
import scipy.special as S
x=np.linspace(0,8,801)
y=S.gamma(x)
plt.plot(x,y,color="red",linewidth=2)
plt.axis([-1,8,0,500])
plt.show()
```

## 附录1.3 相关定理补充证明

**1. 定理1.5中(2)的证明**

令 $Z_i = \dfrac{X_i - \mu}{\sigma}(i=1,2,\cdots,n)$，则由定理二的假设知，$Z_1,Z_2,\cdots,Z_n$ 相互独立，且都服从 $N(0,1)$ 分布，而

$$\bar{Z} = \frac{1}{n}\sum_{i=1}^{n} Z_i = \frac{\bar{X}-\mu}{\sigma}$$

$$\frac{(n-1)S^2}{\sigma^2} = \frac{\sum_{i=1}^{n}(X_i-\bar{X})}{\sigma^2} = \sum_{i=1}^{n}\left[\frac{(X_i-\mu)-(\bar{X}-\mu)}{\sigma}\right]^2$$

$$= \sum_{i=1}^{n}(Z_i-\bar{Z})^2 = \sum_{i=1}^{n}Z_i^2 - n\bar{Z}^2$$

取一 $n$ 阶正交矩阵 $A = (a_{ij})$，其中第一行元素均为 $1/\sqrt{n}$，作正交变换

$$Y = AZ$$

其中

$$Y = \begin{pmatrix} Y_1 \\ Y_2 \\ \vdots \\ Y_n \end{pmatrix} \quad Z = \begin{pmatrix} Z_1 \\ Z_2 \\ \vdots \\ Z_n \end{pmatrix}$$

由于 $Y_i = \sum_{j=1}^{n} a_{ij}Z_j(i=1,2,\cdots,n)$。故 $Y_1,Y_2,\cdots,Y_n$ 仍为正态变量。由 $Z_i \sim N(0,1)(i=1,2,\cdots,n)$ 可知

$$E(Y_i) = E\left(\sum_{j=1}^{n} a_{ij}Z_j\right) = \sum_{j=1}^{n} a_{ij}(Z_j) = 0$$

又由 $\mathrm{Cov}(Z_i,Z_j) = \delta_{ij}(\delta_{ij}=0$ 当 $i\neq j;\delta_{ij}=1)(i,j=1,2,\cdots,n)$，知 $\mathrm{Cov}(Y_i,Y_j) = \mathrm{Cov}\left(\sum_{j=1}^{n}a_{ij}Z_j, \sum_{l=1}^{n}a_{kl}Z_l\right) = \sum_{j=1}^{n}\sum_{l=1}^{n}a_{ij}a_{kl}\mathrm{Cov}(Z_j,Z_l) = \sum_{j=1}^{n}a_{ij}a_{kl} = \delta_{ik}$（由正交矩阵的性质），故 $Y_1,Y_2,\cdots,Y_n$ 两两不相关，又由于 $n$ 维随机变量 $(Y_1,Y_2,\cdots,Y_n)$ 是由 $n$ 维正态随机变量 $(X_1,X_2,\cdots,X_n)$ 经由线性变换而得到的，因此，$(Y_1,Y_2,\cdots,Y_n)$ 也

是 $n$ 维正态随机变量。于是由 $Y_1, Y_2, \cdots, Y_n$ 两两不相关可推得 $Y_1, Y_2, \cdots, Y_n$ 相互独立,且有 $Y_i \sim N(0,1), (i=1,2,\cdots,n)$,而

$$Y_1 = \sum_{j=1}^n a_{1j} Z_j = \sum_{j=1}^n \frac{1}{\sqrt{n}} Z_j = \sqrt{n}\bar{Z}$$

$$\sum_{i=1}^n Y_i^2 = Y'Y = (AZ)'(AZ) = Z'(A'A)Z = Z'IZ = Z'Z = \sum_{i=1}^n Z_i^2$$

于是

$$\frac{(n-1)S^2}{\sigma^2} = \sum_{i=1}^n Z_i^2 - n\bar{Z}^2 = \sum_{i=1}^n Y_i^2 - Y_1^2 = \sum_{i=2}^n Y_i^2$$

由于 $Y_2, \cdots, Y_n$ 相互独立,且 $Y_i \sim N(0,1)(i=2,\cdots,n)$,知 $\sum_{i=2}^n Y_i^2 \sim \sum_{i=2}^n \chi^2(n-1)$,从而证得

$$\frac{(n-1)S^2}{\sigma^2} \sim \chi^2(n-1)$$

再者,$\bar{X} = \overline{\sigma Z} + \mu = \frac{\sigma Y_1}{\sqrt{n}} + \mu$ 仅依赖于 $Y_1$,而 $S^2 = \frac{\sigma^2}{n-1}\sum_{i=2}^n Y_i^2$ 仅依赖于 $X_1, X_2, \cdots, X_n$。再由 $X_1, X_2, \cdots, X_n$ 的相互独立性,推知 $\bar{X}$ 与 $S^2$ 相互独立。

2. 定理的推广

定理中 $\bar{X}$ 与 $S^2$ 相互独立这一结论,还能推广到多个同方差正态总体的情形。例如,对于两个同方差正态总体的情形,设 $\bar{X}, \bar{Y}, S_1^2, S_2^2$ 是定理 1.5 中所说的正态总体 $N(\mu_1, \sigma^2), N(\mu_2, \sigma^2)$ 的样本均值和样本方差,只要引入正交矩阵

$$T = \begin{pmatrix} A_1 & 0 \\ 0 & A_2 \end{pmatrix}$$

式中:$A_i$ 为 $n_i$ 阶正交矩阵,其第一行元素都等于 $1/\sqrt{n_i}(i=1,2)$ 与上面同样的做法,即考察向量

$$Z = TV$$

各分量的独立性,其中

$$V' = (V_1, V_2, \cdots, V_n)$$
$$V_i = (X_i - \mu_1)/\sigma \quad (i=1,2,\cdots,n_1)$$
$$V_{n_1+j} = (Y_j - \mu_2)/\sigma \quad (j=1,2,\cdots,n_2) \quad n_1 + n_2 = n$$

就可证得 $\bar{X}, \bar{Y}, S_1^2, S_2^2$ 相互独立。

一般,对于 $m(m \geq 2)$ 个同方差的正态总体的情形,设 $\overline{X}_i, S_i^2$ 分别是总体 $N(\mu_i, \sigma^2)(i=1,2,\cdots,m)$ 的样本均值和样本方差,且设各样本相互独立,则 $\overline{X}_1, \overline{X}_2, \overline{X}_n$, $S_1^2, S_2^2, S_m^2$ 相互独立。

# 第 2 章 参数估计

统计推断是数理统计研究的核心问题,统计推断是指根据样本对总体的分布或分布的数字特征作出合理的推断。统计推断的主要内容分为两大类:参数估计和假设检验。参数估计分为点估计和区间估计。

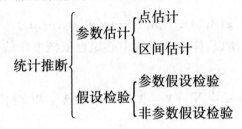

## 2.1 点估计

在实际问题中,经常遇到随机变量 $X$(或总体 $X$)的分布函数 $F(x;\theta_1,\theta_2,\cdots,\theta_m)$ 的形式已知,但其参数 $\theta_i(i=1,2,\cdots,m)$ 未知,如果得到了 $X$ 的一个样本值 $(x_1,x_2,\cdots,x_n)$ 后,希望利用样本值来估计 $X$ 分布中的参数值;或者 $X$ 的分布函数形式未知,利用样本值估计 $X$ 的某些数字特征。这类问题成为参数的点估计问题。

点估计的方法种类很多,本节主要介绍常用的矩估计法和极大似然估计法。

### 2.1.1 矩估计法

矩估计法是由英国统计学家皮尔逊(K. Pearson)在 1894 年提出的求参数点估计的方法。

1. 矩估计法的理论依据

(1) 辛钦大数定律

设随机变量 $X_1, X_2, \cdots, X_n, \cdots$ 相互独立,服从同一分布,且具有数学期望 $E(X_k) = \mu(k=1,2,\cdots)$,则对于任意正数 $\varepsilon$,有

$$\lim_{n\to\infty} P\left\{\left|\frac{1}{n}\sum_{k=1}^{n} X_k - \mu\right| < \varepsilon\right\} = 1$$

(2) 样本矩依概率收敛于总体矩

设总体 $X$ 的 $k$ 阶矩 $E(X^k) = \mu_k$ 存在,$(X_1, X_2, \cdots, X_n)$ 是来自总体 $X$ 的一个样本,则有

$$A_k = \frac{1}{n}\sum_{i=1}^{n} X_i^k \xrightarrow{P} \mu_k, (k=1,2,\cdots)$$

进而由依概率收敛的序列的性质知道

$$g(A_1, A_2, \cdots, A_k) \xrightarrow{P} g(\mu_1, \mu_2, \cdots, \mu_k)$$

其中 $g$ 为连续函数,所以,样本的 $k$ 阶中心矩也依概率收敛于总体的 $k$ 阶中心矩,即

$$B_k = \frac{1}{n}\sum_{i=1}^{n}(X_i - \overline{X})^k \xrightarrow{P} E(X - E(X))^k$$

2. 如何求矩估计量

由矩估计量的理论依据,矩估计法的基本思想就是用样本矩作为相应的总体矩的估计量,而以样本矩的连续函数作为相应的总体矩的连续函数的估计量。具体做法如下:

设总体 $X$ 的分布函数 $F(x;\theta_1,\theta_2,\cdots,\theta_m)$ 中有 $m$ 个未知参数 $\theta_1,\theta_2,\cdots\theta_m$,假定总体 $X$ 的 $m$ 阶矩存在,记总体 $X$ 的 $k$ 阶原点矩为 $\mu_k(\mu_k = E(X^k))$,则

$$\begin{cases} \mu_1 = \mu_1(\theta_1,\theta_2,\cdots,\theta_m) = E(X) = \int_{-\infty}^{+\infty} x\,dF(x;\theta_1,\theta_2,\cdots\theta_m) \\ \mu_2 = \mu_2(\theta_1,\theta_2,\cdots,\theta_m) = E(X^2) = \int_{-\infty}^{+\infty} x^2\,dF(x;\theta_1,\theta_2,\cdots\theta_m) \\ \vdots \\ \mu_m = \mu_m(\theta_1,\theta_2,\cdots,\theta_m) = E(X^m) = \int_{-\infty}^{+\infty} x^m\,dF(x;\theta_1,\theta_2,\cdots\theta_m) \end{cases}$$

解出 $\theta_1,\theta_2,\cdots,\theta_m$,得到

$$\begin{cases} \theta_1 = \theta_1(\mu_1, \mu_2, \cdots, \mu_m) \\ \theta_2 = \theta_2(\mu_1, \mu_2, \cdots, \mu_m) \\ \vdots \\ \theta_m = \theta_m(\mu_1, \mu_2, \cdots, \mu_m) \end{cases}$$

用样本矩代替总体矩(即用 $A_i$ 代替上式中的 $\mu_i$),得到

$$\hat{\theta}_i = \theta_i(A_1, A_2, \cdots, A_m), (i = 1, 2, \cdots, m)$$

我们就以 $\hat{\theta}_i$ 作为 $\theta_i$ 的矩估计量,矩估计量的观察值称为矩估计值。

【例2.1.1】设总体 $X$ 的均值 $\mu$ 和方差 $\sigma^2$ 都存在,且有 $\sigma^2 > 0$,但 $\mu, \sigma^2$ 均未知。又设 $X_1, X_2, \cdots, X_n$ 是来自 $X$ 的样本,试求 $\mu, \sigma^2$ 的矩估计量。

【解】根据题意列方程组

$$\begin{cases} \mu_1 = E(X) = \mu \\ \mu_2 = E(X^2) = D(X) + (E(X))^2 = \sigma^2 + \mu^2 \end{cases}$$

解得

$$\begin{cases} \mu = \mu_1 \\ \sigma^2 = \mu_2 - \mu_1^2 \end{cases}$$

分别以 $A_1, A_2$ 代替 $\mu_1, \mu_2$,得 $\mu$ 和 $\sigma^2$ 的矩估计量分别为

$$\begin{cases} \hat{\mu} = \overline{X} \\ \hat{\sigma}^2 = A_2 - A_1^2 = \frac{1}{n}\sum_{i=1}^{n} X_i^2 - \overline{X}^2 = \frac{1}{n}\sum_{i=1}^{n}(X_i - \overline{X})^2 = S_n^2 \end{cases}$$

注:无论总体 $X$ 服从什么分布,样本均值 $\overline{X}$ 和方差 $S_n^2$ 分别为总体均值 $\mu$ 和方差 $\sigma^2$ 的矩估计量。

### 2.1.2 极大似然估计法

极大似然估计法是由英国统计学家费歇尔(R. A. Fisher)于1912年提出的。当总体分布类型已知时,最好采用极大似然估计法来估计总体的未知参数。

1. 似然函数

(1)连续型

若总体 $X$ 是连续型随机变量,其分布密度为 $\varphi(x;\theta)$,其中 $\theta = (\theta_1, \theta_2, \cdots, \theta_m)$ 是未知参数。若 $(X_1, X_2, \cdots, X_n)$ 是总体 $X$ 的一个样本,则样本 $(X_1, X_2, \cdots, X_n)$ 的

联合密度为 $\prod_{i=1}^{n}\varphi(x_i;\theta)$，当取定 $x_1,x_2,\cdots,x_n$ 后，它只是参数 $\theta=(\theta_1,\theta_2,\cdots,\theta_m)$ 的函数，记为 $L(\theta)$，即

$$L(\theta) = \prod_{i=1}^{n}\varphi(x_i;\theta) \tag{2.1}$$

这个函数称为样本的似然函数。

(2) 离散型

若总体 $X$ 是离散型随机变量，其分布律为

$$P\{X=x\} = \varphi(x;\theta), x = x^{(1)}, x^{(2)}, \cdots$$

其中，$\theta=(\theta_1,\theta_2,\cdots,\theta_m)$ 是未知参数，$(X_1,X_2,\cdots,X_n)$ 是来自总体 $X$ 的样本，则样本 $(X_1,X_2,\cdots,X_n)$ 的联合分布律 $\prod_{i=1}^{n}P\{X=x_i\}$ 称为似然函数，记为 $L(\theta)$，即

$$L(\theta) = \prod_{i=1}^{n}P\{X=x_i\} = \prod_{i=1}^{n}\varphi(x_i;\theta), \quad \theta=(\theta_1,\theta_2,\cdots,\theta_m) \tag{2.2}$$

2. 极大似然估计法

(1)【定义】对于样本的似然函数 $L(\theta)$，若

$$L(\hat{\theta}) = L(x_1,x_2,\cdots,x_n;\hat{\theta}) = \max_{\theta\in\Theta}L(x_1,x_2,\cdots,x_n;\theta)$$

则称 $\hat{\theta}(x_1,x_2,\cdots,x_n)$ 为 $\theta$ 的极大似然估计值，称 $\hat{\theta}(X_1,X_2,\cdots,X_n)$ 为 $\theta$ 的极大似然估计量。

(2) 求极大似然估计量的步骤：

① 写出似然函数 $L(\theta)$；

② 求出 $\ln L(\theta)$ 及似然方程

$$\left.\frac{\partial \ln L}{\partial \theta_i}\right|_{\theta=\hat{\theta}} = 0, \quad (i=1,2,\cdots,m)$$

③ 解似然方程得到极大似然估计值

$$\hat{\theta}_i(x_1,x_2,\cdots,x_m), \quad (i=1,2,\cdots,m)$$

④ 得到最大似然估计量 $\hat{\theta}_i(X_1,X_2,\cdots,X_m)$，$(i=1,2,\cdots,m)$。

## 2.2 估计量的评判标准

对于总体分布的同一个未知参数 $\theta$，若采用不同的估计法，可能得到不同的估

计量 $\hat{\theta}$。请看下面两个例子。

**【例2.2.1】** 设 $X \sim N(\mu, \sigma^2)$，$\mu, \sigma^2$ 未知，$(X_1, X_2, \cdots, X_n)$ 是来自 $X$ 的一个样本，$(x_1, x_2, \cdots, x_n)$ 是一个样本值，求 $\mu, \sigma^2$ 的矩估计量和最大似然估计量。

**【解】**（1）先求矩估计量。

$$\begin{cases} \mu_1 = E(X) = \mu \\ \mu_2 = E(X^2) = D(X) + [E(X)]^2 = \sigma^2 + \mu^2 \end{cases}$$

解得

$$\begin{cases} \mu = \mu_1 \\ \sigma^2 = \mu_2 - \mu_1^2 \end{cases}$$

分别以 $A_1, A_2$ 代替 $\mu_1, \mu_2$ 得到 $\mu$ 和 $\sigma^2$ 的矩估计量分别为

$$\begin{cases} \hat{\mu} = A_1 = \overline{X} \\ \hat{\sigma}^2 = A_2 - A_1^2 = \dfrac{1}{n}\sum_{i=1}^{n}(X_i - \overline{X})^2 = B_2 \end{cases}$$

（2）再求最大似然估计量。

$X$ 的概率密度为

$$f(x; \mu, \sigma^2) = \frac{1}{\sqrt{2\pi}\sigma} \exp\left[-\frac{1}{2\sigma^2}(x-\mu)^2\right]$$

似然函数为

$$L(\mu, \sigma^2) = \prod_{i=1}^{n} \frac{1}{\sqrt{2\pi}\sigma} \exp\left[-\frac{1}{2\sigma^2}(x_i-\mu)^2\right]$$

$$= (2\pi)^{-\frac{n}{2}} (\sigma^2)^{-\frac{n}{2}} \exp\left[-\frac{1}{2\sigma^2}\sum_{i=1}^{n}(x_i-\mu)^2\right]$$

$$\ln L = -\frac{n}{2}\ln(2\pi) - \frac{n}{2}\ln\sigma^2 - \frac{1}{2\sigma^2}\sum_{i=1}^{n}(x_i-\mu)^2$$

令

$$\begin{cases} \dfrac{\mathrm{d}\ln L}{\mathrm{d}\mu} = \dfrac{1}{\sigma^2}\left(\sum_{i=1}^{n} x_i - n\mu\right) = 0 \\ \dfrac{\mathrm{d}\ln L}{\mathrm{d}\sigma^2} = -\dfrac{n}{2\sigma^2} + \dfrac{1}{2(\sigma^2)^2}\sum_{i=1}^{n}(x_i-\mu)^2 = 0 \end{cases}$$

解得

$$\begin{cases} \hat{\mu} = \dfrac{1}{n}\sum_{i=1}^{n} x_i = \bar{x} \\ \hat{\sigma}^2 = \dfrac{1}{n}\sum_{i=1}^{n}(x_i - \bar{x})^2 \end{cases}$$

因此得 $\mu,\sigma^2$ 的最大似然估计量为

$$\begin{cases} \hat{\mu} = \bar{X} \\ \hat{\sigma}^2 = \dfrac{1}{n}\sum_{i=1}^{n}(X_i - \bar{X})^2 = B_2 \end{cases}$$

注：对于正态分布，参数 $\mu,\sigma^2$ 的矩估计量与最大似然估计量相同。

**【例2.2.2】** 设总体 $X$ 在 $[a,b]$ 上服从均匀分布，$a,b$ 未知。$(X_1,X_2,\cdots,X_n)$ 是来自总体的样本，$(x_1,x_2,\cdots,x_n)$ 是一个样本值，求 $a,b$ 的矩估计量和最大似然估计量。

**【解】** (1)先求矩估计量。

$$\begin{cases} \mu_1 = E(X) = \dfrac{a+b}{2} \\ \mu_2 = E(X^2) = D(X) + [E(X)]^2 = \dfrac{(b-a)^2}{12} + \dfrac{(a+b)^2}{4} \end{cases}$$

即

$$\begin{cases} a+b = 2\mu_1 \\ b-a = \sqrt{12(\mu_2 - \mu_1^2)} \end{cases}$$

解得

$$\begin{cases} a = \mu_1 - \sqrt{3(\mu_2 - \mu_1^2)} \\ b = \mu_1 + \sqrt{3(\mu_2 - \mu_1^2)} \end{cases}$$

分别以 $A_1,A_2$ 代替 $\mu_1,\mu_2$，得到 $a,b$ 的矩估计量为

$$\begin{cases} \hat{a} = A_1 - \sqrt{3(A_2 - A_1^2)} = \bar{X} - \sqrt{\dfrac{3}{n}\sum_{i=1}^{n}(X_i - \bar{X})^2} \\ \hat{b} = A_1 + \sqrt{3(A_2 - A_1^2)} = \bar{X} + \sqrt{\dfrac{3}{n}\sum_{i=1}^{n}(X_i - \bar{X})^2} \end{cases}$$

(2)再求最大似然估计量。

记 $x_1 = \min(x_1,x_2,\cdots,x_n)$，$x_n = \max(x_1,x_2,\cdots,x_n)$，$X$ 的概率密度是

$$f(x;a,b) = \begin{cases} \dfrac{1}{b-a}, & a \leq x \leq b \\ 0, & \text{其他} \end{cases}$$

由于 $a \leqslant x_1, x_2, \cdots, x_n \leqslant b$ 等价于 $a \leqslant x_{(1)}, x_{(n)} \leqslant b$，似然函数为

$$L(a,b) = \frac{1}{(b-a)^n}, \quad (a \leqslant x_{(1)}, b \geqslant x_{(n)})$$

于是对于满足条件 $a \leqslant x_{(1)}, x_{(n)} \leqslant b$ 的任意 $a,b$ 有

$$L(a,b) = \frac{1}{(b-a)^n} \leqslant \frac{1}{[x_{(n)} - x_{(1)}]^n}$$

即 $L(a,b)$ 在 $a = x_{(1)}, b = x_{(n)}$ 时取到最大值 $[x_{(n)} - x_{(1)}]^{-n}$，故 $a$、$b$ 的最大似然估计值为

$$\hat{a} = x_{(1)} = \min_{1 \leqslant i \leqslant n} x_i, \hat{b} = x_{(n)} = \max_{1 \leqslant i \leqslant n} x_i$$

$a,b$ 的最大似然估计量为

$$\hat{a} = x_{(1)} = \min_{1 \leqslant i \leqslant n} X_i, \hat{b} = x_{(n)} = \max_{1 \leqslant i \leqslant n} X_i$$

注：均匀分布的未知参数 $a,b$ 的矩估计量与最大似然估计量不相同。

由例 2.2.2 可见，对于同一个参数得到了不同的估计量，那么，究竟用哪一个为好呢？下面我们给出求优良估计的方法。

### 2.2.1 无偏估计

【定义】设 $\hat{\theta}(X_1, X_2, \cdots, X_n)$ 是参数 $\theta$ 的估计量，若

$$E\hat{\theta} = \theta \tag{2.3}$$

则称 $\hat{\theta}$ 是 $\theta$ 的无偏估计量。如果 $E\hat{\theta} \neq \theta$，那么 $E\hat{\theta} - \theta$ 称为估计量 $\hat{\theta}$ 的偏差。若

$$\lim_{n \to \infty} E\hat{\theta} = \theta \tag{2.4}$$

则称 $\hat{\theta}$ 是 $\theta$ 的渐近无偏估计。

【例 2.2.3】设总体 $X$ 的一阶和二阶矩存在，分布是任意的，记 $EX = \mu, DX = \sigma^2$，则样本均值又是 $\mu$ 的无偏估计，样本方差 $S_n^2$ 是 $\sigma^2$ 的渐近无偏估计，修正样本方差 $S_n^{*2}$ 是 $\sigma^2$ 的无偏估计。

【证明】因为 $E\overline{X} = \mu$，$ES_n^2 = \frac{n-1}{n}\sigma^2$，所以 $\overline{X}$ 是 $\mu$ 的无偏估计量。又因为

$$\lim_{n \to \infty} ES_n^2 = \lim_{n \to \infty} \frac{n-1}{n}\sigma^2 = \sigma^2$$

所以 $S_n^2$ 是 $\sigma^2$ 的渐近无偏估计，而

$$ES_n^{*2} = E\left(\frac{n}{n-1}S_n^2\right) = \sigma^2$$

因此 $S_n^{*2}$ 是 $\sigma^2$ 的无偏估计。

无偏性虽然是评价估计量的一个重要指标,而且许多场合是合理的、必要的,然而有时会遇到下列问题:

(1)一个参数的无偏估计可能不存在;

(2)无偏估计可能有明显的弊病;

(3)对同一个参数,可以有很多个无偏估计量。

因此,仅有无偏性要求是不够的。于是,人们在无偏性基础上增加了对方差的要求. 若估计量的方差越小,表明该估计量的取值就越集中在待估参数附近,也就是更为理想的估计量. 为此,介绍最小方差无偏估计(minimum – variance unbiased estimator)和有效估计(valid estimated)。

### 2.2.2 最小方差无偏估计和有效估计

1. 最小方差无偏估计和有效估计的定义

**【定义1】**设 $\hat{\theta}_1$ 和 $\hat{\theta}_2$ 均为 $\theta$ 的无偏估计量,若对任意样本容量 $n$ 有

$$D\hat{\theta}_1 < D\hat{\theta}_2 \tag{2.5}$$

则称 $\hat{\theta}_1$ 比 $\hat{\theta}_2$ 有效。

**【定义2】**设 $\hat{\theta}_0$ 是 $\theta$ 的无偏估计量,若对于 $\theta$ 的任意一个无偏估计量 $\hat{\theta}$ 有

$$D\hat{\theta}_0 \leq D\hat{\theta} \tag{2.6}$$

则称 $\hat{\theta}_0$ 是 $\theta$ 的最小方差无偏估计量(MVUE)。

2. 最小方差无偏估计的判别方法

**【定理2.2.1】**设 $\hat{\theta}(x)$ 是 $\theta$ 的一个无偏估计,$D(\hat{\theta}) < \infty$,若对任何满足条件 $E[L(X)] = 0, D[L(X)] < \infty$ 的统计量 $L(X)$,有

$$E[L(X)\hat{\theta}(X)] = 0 \tag{2.7}$$

则 $\hat{\theta}(X)$ 是 $\theta$ 的最小方差无偏估计,其中 $X = (X_1, X_2, \cdots, X_n)$。

### 2.2.3 相合估计(一致估计)

我们不仅希望一个估计量是无偏的,且具有较小的方差,还希望当样本容量 $n$

无限增大时,估计量能在某种意义下收敛于被估计的参数值,这就是所谓相合性(或一致性)的要求。

**【定义】** 设 $\hat{\theta}_n = \hat{\theta}_n(x_1, x_2, \cdots, x_n)$ 是未知参数 $\theta$ 的估计序列,如果 $\{\hat{\theta}_n\}$ 依概率收敛于 $\theta$,即对 $\forall \varepsilon > 0$,有

$$\lim_{n \to \infty} P\{|\hat{\theta}_n - \theta| < \varepsilon\} = 1 \, (\text{或} \lim_{n \to \infty} P\{|\hat{\theta}_n - \theta| \geq \varepsilon\} = 0) \tag{2.8}$$

则称 $\hat{\theta}_n$ 是 $\theta$ 的相合估计(量)或一致估计(量)。

**【定理2.2.2】**

设 $\hat{\theta}_n$ 是 $\theta$ 的一个估计量,若

$$\lim_{n \to \infty} E(\hat{\theta}_n) = \theta \tag{2.9}$$

$$\text{且} \lim_{n \to \infty} D(\hat{\theta}_n) = 0 \tag{2.10}$$

则 $\hat{\theta}_n$ 是 $\theta$ 的相合估计。

## 2.3 区间估计

对于一个未知量,人们在测量或计算时,常不以得到近似值为满足,还需估计误差,即要求知道近似值的精确程度(亦即所求真值所在的范围)。类似地,对于未知参数 $\theta$,$\theta$ 的点估计值 $\hat{\theta}$ 是 $\theta$ 的一个近似值,与 $\theta$ 总有一个正的或者负的偏差,点估计本身既没有反映近似值的精确度,又不知道它的范围偏差,因此,除了求出它的点估计 $\hat{\theta}$ 外,我们还希望估计出一个范围,并希望知道这个范围包含参数 $\theta$ 真值的可信程度。这样的范围通常以区间的形式给出,同时还给出此区间包含参数 $\theta$ 真值的可信程度。

### 2.3.1 置信区间

**1. 置信区间的定义**

**【定义】** 设总体 $X$ 的分布函数为 $F(x, \theta)$,$\theta$ 为未知参数,$X_1, X_2, \cdots, X_n$ 是来自总体 $X$ 的样本。如果存在两个统计量 $\overline{\theta}(X_1, X_2, \cdots, X_n)$ 和 $\underline{\theta}(X_1, X_2, \cdots, X_n)$,对于

给定的 $\alpha(0<\alpha<1)$,使得
$$P\{\underline{\theta}(X_1,X_2,\cdots,X_n)<\theta<\overline{\theta}(X_1,X_2,\cdots,X_n)\}=1-\alpha \quad (2.11)$$
则称区间$(\underline{\theta},\overline{\theta})$为参数$\theta$的置信度为$1-\alpha$的置信区间,$\underline{\theta}$称为置信下限,$\overline{\theta}$称为置信上限。

2. 求$\theta$的置信区间的一般步骤

(1)设法找到一个样本$(X_1,X_2,\cdots,X_n)$和待估参数$\theta$的函数$u(X_1,X_2,\cdots,X_n;\theta)$,除$\theta$外$u$不含其他未知参数,$u$的分布为已知且与$\theta$无关;

(2)对于给定的置信度$1-\alpha$,有
$$P\{c<u(X_1,X_2,\cdots,X_n;\theta)<d\}=1-\alpha$$
适当地确定两个常数$c,d$;

(3)将不等式
$$c<u(X_1,X_2,\cdots,X_n;\theta)<d$$
化成如下形式:
$$\overline{\theta}(X_1,X_2,\cdots,X_n)<\theta<\underline{\theta}(X_1,X_2,\cdots,X_n)$$
则$(\underline{\theta},\overline{\theta})$就是所求的置信区间。

### 2.3.2 数学期望的置信区间(区间估计)

(1)设总体$X$服从正态分布$N(\mu,\sigma^2)$,$\sigma^2$已知,现对总体均值$\mu$作区间估计。

【解】设$(X_1,X_2,\cdots,X_n)$是来自总体$X$的样本,自然用$\overline{X}$估计$\mu$,

因$\overline{X} \sim N\left(\mu,\dfrac{\sigma^2}{n}\right)$,得到$\dfrac{\overline{X}-\mu}{\sigma^2/\sqrt{n}} \sim N(0,1)$ (第一步)

对于给定的$\alpha(0<\alpha<1)$,存在一个值$u_{\alpha/2}$,使得
$$P\{|u|<u_{\alpha/2}\}=1-\alpha \quad \text{(第二步)}$$
即
$$P\left\{\left|\dfrac{\overline{X}-\mu}{\sigma/\sqrt{n}}\right|<u_{\alpha/2}\right\}=1-\alpha$$

$$P\left\{\overline{X}-u_{\alpha/2}\cdot\dfrac{\sigma}{n}<u<\overline{X}+u_{\alpha/2}\cdot\dfrac{\sigma}{n}\right\}=1-\alpha \quad \text{(第三步)}$$

所以置信区间为

$$\left(\overline{X} - u_{\alpha/2} \cdot \frac{\sigma}{n}, \overline{X} + u_{\alpha/2} \cdot \frac{\sigma}{n}\right) \tag{2.12}$$

(2) 设总体 $X$ 服从正态分布 $N(\mu, \sigma^2)$，其中 $\sigma^2$ 未知，现对总体均值 $\mu$ 作区间估计。

【解】因 $T = \dfrac{\overline{X} - \mu}{S_n^*/\sqrt{n}} \sim t(n-1)$

∴ 对于给定的置信度 $1-\alpha$，存在 $t_{\alpha/2}(n-1)$，使得

$$P\{|T| < t_{\alpha/2}(n-1)\} = 1 - \alpha$$

即 $P\left\{\overline{X} - t_{\alpha/2}(n-1) \cdot \dfrac{S_n^*}{\sqrt{n}} < \mu < \overline{X} + t_{\alpha/2}(n-1) \cdot \dfrac{S_n^*}{\sqrt{n}}\right\} = 1 - \alpha$

得到置信区间为

$$\left(\overline{X} - t_{\alpha/2}(n-1) \cdot \frac{S_n^*}{\sqrt{n}}, \overline{X} + t_{\alpha/2}(n-1) \cdot \frac{S_n^*}{\sqrt{n}}\right) \tag{2.13}$$

(3) 设总体 $X$ 分布任意，方差 $\sigma^2$ 已知。

【解】由中心极限定理，当 $n$ 充分大时，有

$$U = \frac{\overline{X} - E(X)}{\sqrt{D(X)/n}} = \frac{\overline{X} - \mu}{\sigma/\sqrt{n}} \stackrel{近似}{\sim} N(0,1) \tag{2.14}$$

置信区间和情况 1 相同，为

$$\left(\overline{X} - u_{\alpha/2} \cdot \frac{\sigma}{n}, \overline{X} + u_{\alpha/2} \cdot \frac{\sigma}{n}\right) \tag{2.15}$$

(4) 设总体 $X$ 分布任意，方差 $\sigma^2$ 未知。

【解】因为 $U = \dfrac{\overline{X} - \mu}{S_n/\sqrt{n}} \stackrel{近似}{\sim} N(0,1)$，

所以置信区间为

$$\left(\overline{X} - u_{\frac{\alpha}{2}} \cdot \frac{S_n}{\sqrt{n}}, \overline{X} + u_{\frac{\alpha}{2}} \cdot \frac{S_n}{\sqrt{n}}\right) \tag{2.16}$$

## 2.3.3 正态总体方差的区间估计

设总体 $X \sim N(\mu, \sigma^2)$，$\mu, \sigma^2$ 均未知，$X_1, X_2, \cdots, X_n$ 是来自总体 $X$ 的样本，试对 $\sigma^2$ 或 $\sigma$ 作区间估计。

【解】由定理 1.4 可知

$$\chi^2 = \frac{(n-1)S_n^{*2}}{\sigma^2} \sim \chi^2(n-1)$$

对于给定的置信度 $1-\alpha$，可选择 $c,d$ 使得
$$P\{c<\chi^2<d\}=1-\alpha$$
$c,d$ 一般取 $\chi^2_{1-\frac{\alpha}{2}}(n-1),\chi^2_{\frac{\alpha}{2}}(n-1)$，于是
$$P\left\{\frac{(n-1)S_n^{*2}}{\chi^2_{\frac{\alpha}{2}}(n-1)}<\sigma^2<\frac{(n-1)S_n^{*2}}{\chi^2_{1-\frac{\alpha}{2}}(n-1)}\right\}=1-\alpha$$

所以 $\sigma^2$ 的置信区间为

$$\left(\frac{(n-1)S_n^{*2}}{\chi^2_{\frac{\alpha}{2}}(n-1)},\frac{(n-1)S_n^{*2}}{\chi^2_{1-\frac{\alpha}{2}}(n-1)}\right) \tag{2.17}$$

### 2.3.4 两个正态总体均值差的区间估计

设 $X\sim N(\mu_1,\sigma_1^2),Y\sim N(\mu_2,\sigma_2^2)$，$X$ 与 $Y$ 相互独立。$X_1,X_2,\cdots,X_{n_1}$ 和 $Y_1,Y_2,\cdots,Y_{n_2}$ 是分别从总体 $X$ 和总体 $Y$ 中抽取的样本。现对两个总体的均值差 $\mu_1-\mu_2$ 作区间估计，所用统计量为

$$\overline{X}-\overline{Y}\sim N\left(\mu_1-\mu_2,\frac{\sigma_1^2}{n_1}+\frac{\sigma_2^2}{n_2}\right) \tag{2.18}$$

(1) $\sigma_1^2$ 和 $\sigma_2^2$ 均已知。

$$U=\frac{\overline{X}-\overline{Y}-(\mu_1-\mu_2)}{\sqrt{\frac{\sigma_1^2}{n_1}+\frac{\sigma_2^2}{n_2}}}\sim N(0,1)$$

置信区间为

$$\left(\overline{X}-\overline{Y}-u_{\frac{\alpha}{2}}\cdot\sqrt{\frac{\sigma_1^2}{n_1}+\frac{\sigma_2^2}{n_2}},\overline{X}-\overline{Y}+u_{\frac{\alpha}{2}}\cdot\sqrt{\frac{\sigma_1^2}{n_1}+\frac{\sigma_2^2}{n_2}}\right) \tag{2.19}$$

(2) $\sigma_1^2=\sigma_2^2=\sigma^2$，但 $\sigma^2$ 未知。

由定理 1.5 可知

$$T=\frac{\overline{X}-\overline{Y}-(\mu_1-\mu_2)}{\sqrt{(n_1-1)S_{1n_1}^{*2}+(n_2-1)S_{2n_2}^{*2}}}\sqrt{\frac{n_1n_2(n_1+n_2-2)}{n_1+n_2}}\sim t(n_1+n_2-2)$$

$$\tag{2.20}$$

### 2.3.5 两个正态总体方差比的区间估计

设 $X\sim N(\mu_1,\sigma_1^2),Y\sim N(\mu_2,\sigma_2^2)$，$X$ 与 $Y$ 相互独立。$X_1,X_2,\cdots,X_{n_1}$ 和 $Y_1,Y_2,\cdots,$

$Y_{n_2}$ 是分别从总体 $X$ 和总体 $Y$ 中抽取的样本。现对两个总体的方差之比 $\dfrac{\sigma_1^2}{\sigma_2^2}$ 作区间估计。

【解】由定理 1.5 可知

$$F = \frac{S_{2n_2}^{*2}/\sigma_2^2}{S_{1n_1}^{*2}/\sigma_1^2} = \frac{S_{2n_2}^{*2} \cdot \sigma_1^2}{S_{1n_1}^{*2} \cdot \sigma_2^2} \sim F(n_2-1, n_1-1)$$

对于给定的置信度 $1-\alpha$,可选择 $c,d$ 使得

$$P\{c < F < d\} = 1-\alpha$$

$c,d$ 一般取 $F_{\frac{\alpha}{2}}(n_2-1, n_1-1), F_{\frac{\alpha}{2}}(n_2-1, n_1-1)$,于是

$$P\{F_{1-\frac{\alpha}{2}}(n_2-1, n_1-1) < F < F_{\frac{\alpha}{2}}(n_2-1, n_1-1)\} = 1-\alpha$$

所以 $\dfrac{\sigma_1^2}{\sigma_2^2}$ 的置信区间为

$$\left( F_{1-\frac{\alpha}{2}}(n_2-1, n_1-1) \frac{S_{1n_2}^{*2}}{S_{2n_1}^{*2}},\ F_{\frac{\alpha}{2}}(n_2-1, n_1-1) \frac{S_{1n_2}^{*2}}{S_{2n_1}^{*2}} \right) \quad (2.21)$$

### 2.3.6 单侧置信区间

前面介绍了参数的区间估计,置信区间采用了 $(\hat{\theta}_1, \hat{\theta}_2)$ 的形式,但在许多实际问题中,常采用 $(\hat{\theta}_1, +\infty)$ 或 $(-\infty, \hat{\theta}_2)$ 的形式。置信区间形如 $(\hat{\theta}_1, +\infty)$ 的,称 $\theta_1$ 为单侧置信上限;置信区间形如 $(-\infty, \hat{\theta}_2)$ 的,称 $\theta_2$ 为单侧置信下限,置信区间 $(\hat{\theta}_1, +\infty)$ 和 $(-\infty, \hat{\theta}_2)$ 都称为单侧置信区间。

下面仅对正态总体方差未知的情形给出期望的单侧置信区间的求法。

设总体 $X \sim N(\mu, \sigma^2)$,$\sigma^2$ 未知,$X_1, X_2, \cdots, X_n$ 是来自 $X$ 的样本,对给定的置信度 $1-\alpha$,求 $\mu$ 的单侧置信区间。

【解】选取与求 $\mu$ 的置信区间完全相同的随机变量

$$T = \frac{\overline{X}-\mu}{S_n^*/\sqrt{n}} \sim t(n-1)$$

对给定的置信度 $1-\alpha$,由附录中附表 3 知,存在 $t_\alpha(n-1)$,使得

$$P\{T < t_\alpha(n-1)\} = 1-\alpha$$

即

$$P\left\{ \frac{\overline{X}-\mu}{S_n^*/\sqrt{n}} < t_\alpha(n-1) \right\} = 1-\alpha$$

亦即
$$P\left\{\overline{X}-t_\alpha(n-1)\frac{S_n^*}{\sqrt{n}}<\mu<+\infty\right\}=1-\alpha$$

于是 $\mu$ 具有单侧置信下限的单侧置信区间为
$$\left(\overline{X}-t_\alpha(n-1)\frac{S_n^*}{\sqrt{n}},+\infty\right)$$

另外,由于 $t$ 分布关于 $Y$ 轴对称,所以 $t_\alpha(n-1)=-t_{1-\alpha}(n-1)$。故
$$P\{T>-t_\alpha(n-1)\}=1-\alpha$$

即
$$P\left\{\frac{\overline{X}-\mu}{S_n^*/\sqrt{n}}>-t_\alpha(n-1)\right\}=1-\alpha$$

则
$$P\left\{-\infty<\mu<\overline{X}+t_\alpha(n-1)\frac{S_n^*}{\sqrt{n}}\right\}=1-\alpha$$

于是 $\mu$ 具有单侧置信上限的单侧置信区间为
$$\left(-\infty,\overline{X}+t_\alpha(n-1)\frac{S_n^*}{\sqrt{n}}\right) \tag{2.22}$$

## 2.4 应用案例

【例2.4.1】某型火炮的射程为 $X\sim N(\mu_1,\sigma_1^2)$,经过工艺改进之后,其射程为 $Y\sim N(\mu_2,\sigma_2^2)$,请给出 $\mu_1-\mu_2$ 的置信区间,置信水平为 $1-\alpha$。

【解】(1)假设 $\sigma_1^2,\sigma_2^2$ 均为已知,因为 $\overline{X},\overline{Y}$ 分别为 $\mu_1$ 和 $\mu_2$ 的无偏估计,所以 $\overline{X}-\overline{Y}$ 是 $\mu_1-\mu_2$ 的无偏估计。由 $\overline{X},\overline{Y}$ 的独立性,且
$$\overline{X}-\overline{Y}\sim N\left(\mu_1-\mu_2,\frac{\sigma_1^2}{n_1}+\frac{\sigma_2^2}{n_2}\right)$$

得 $\mu_1-\mu_2$ 的置信区间为
$$\left(\overline{X}-\overline{Y}-u_{\frac{\alpha}{2}}\cdot\sqrt{\frac{\sigma_1^2}{n_1}+\frac{\sigma_2^2}{n_2}},\overline{X}-\overline{Y}+u_{\frac{\alpha}{2}}\cdot\sqrt{\frac{\sigma_1^2}{n_1}+\frac{\sigma_2^2}{n_2}}\right)$$

(2)如果由于某种原因导致 $\sigma_1^2,\sigma_2^2$ 未知,只要 $n_1,n_2$ 都很大,就可以用

$$\left(\overline{X}-\overline{Y}-u_{\frac{\alpha}{2}}\cdot\sqrt{\frac{S_1^2}{n_1}+\frac{S_2^2}{n_2}},\overline{X}-\overline{Y}+u_{\frac{\alpha}{2}}\cdot\sqrt{\frac{S_1^2}{n_1}+\frac{S_2^2}{n_2}}\right)$$

作为 $\mu_1-\mu_2$ 的置信区间。

(3) 如果假定 $\sigma_1^2=\sigma_2^2=\sigma^2$,而 $\sigma^2$ 未知,由统计量

$$T=\frac{\overline{X}-\overline{Y}-(\mu_1-\mu_2)}{\sqrt{(n_1-1)S_{1n_1}^{*2}+(n_2-1)S_{2n_2}^{*2}}}\sqrt{\frac{n_1 n_2(n_1+n_2-2)}{n_1+n_2}}\sim t(n_1+n_2-2)$$

可得 $\mu_1-\mu_2$ 的置信区间为

$$\left(\overline{X}-\overline{Y}-t_{\frac{\alpha}{2}}(n_1+n_2-2)s_w\sqrt{\frac{1}{n_1}+\frac{1}{n_2}},\overline{X}-\overline{Y}+t_{\frac{\alpha}{2}}(n_1+n_2-2)s_w\sqrt{\frac{1}{n_1}+\frac{1}{n_2}}\right)$$

其中, $s_w^2=\dfrac{(n_1-1)s_1^2+(n_2-1)s_2^2}{n_1+n_2-2}$。在某型火炮的研制中,我们曾利用这种方法来进行质量的控制,取得了较好的效果。

通过20个模拟数据求解 $\mu_1-\mu_2$ 的置信度为95%的置信区间,如表2.4.1所列。

表 2.4.1　模拟数据

| 序号 | 改进前 $x_1$(m) | 改进前 $x_2$(m) | 序号 | 改进前 $x_1$(m) | 改进前 $x_2$(m) |
| --- | --- | --- | --- | --- | --- |
| 1 | 10064 | 10149 | 11 | 9937 | 10199 |
| 2 | 9940 | 10099 | 12 | 9767 | 10122 |
| 3 | 10055 | 10072 | 13 | 9877 | 10126 |
| 4 | 9890 | 10228 | 14 | 10106 | 10221 |
| 5 | 10009 | 10286 | 15 | 9989 | 10073 |
| 6 | 9800 | 10048 | 16 | 10038 | 10087 |
| 7 | 9951 | 10110 | 17 | 10094 | 9973 |
| 8 | 10046 | 10019 | 18 | 9788 | 9934 |
| 9 | 9968 | 10168 | 19 | 9936 | 10030 |
| 10 | 10124 | 9864 | 20 | 9930 | 10128 |

【软件计算】

1. SPSS 软件:Analyze 菜单 – Compare Means – Paired Sample T Test

操作界面如图2.4.1所示。

图 2.4.1 操作界面

部分输出结果见表 2.4.2。

表 2.4.2 Paired Samples Test

| | | Paired Differences | | | | t | df | Sig.<br>(2-tailed) |
|---|---|---|---|---|---|---|---|---|
| | | Mean | Std.<br>Deviation | Std. Error<br>Mean | 95% Confidence<br>Interval of the<br>Difference | | | |
| | | | | | Lower | Upper | | | |
| Pait1 | X1 − X2 | −131.3500 | 151.68779 | 33.91842 | −202.3421 | −60.3579 | −3.873 | 19 | 0.001 |

从表 2.4.2 可以看出,$t = -3.873$,检验的显著水平 $0.001 < 0.05$,所以两个样本均值存在显著差异,说明工艺改进前后射程均值存在显著差异。$\mu_1 - \mu_2$ 的置信度为 0.95 的置信区间为 $(-202.3421, -60.3579)$。

2. MATLAB 软件

```
x1 = [10064,…,9930];
x2 = [10149,…,10128];
ttest(x1,x2,0.05,'both')
ans = 1
```

结果是1,这表明拒绝原假设,说明工艺改进前后射程均值存在显著差异。

3. Excel软件:工具－数据分析－平均值的成对双样本分析

操作界面如图2.4.2所示。

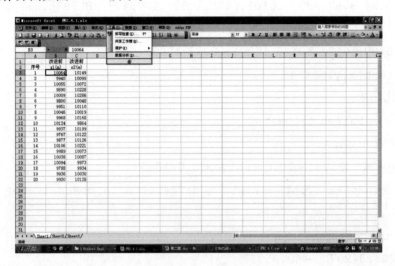

图 2.4.2　操作界面

输出结果见表2.4.3,结果和前面一致。

表2.4.3　$t$检验:成对双样本均值分析

| 项目 | 变量1 | 变量2 |
| --- | --- | --- |
| 平均 | 9965.45 | 10096.8 |
| 方差 | 10995.21 | 10500.8 |
| 观测值 | 20 | 20 |
| 泊松相关系数 | -0.07041 | |
| 假设平均差 | 0 | |
| df | 19 | |
| $t$ Stat | -3.87253 | |
| $P(T<=t)$ 单尾 | 0.000513 | |
| $t$ 单尾临界 | 1.729133 | |
| $P(T<=t)$ 双尾 | 0.001025 | |
| $t$ 双尾临界 | 2.093024 | |

### 4. R 软件

x <- c(10064,9940,10055,9890,10009,9800,9951,10046,9968,10124,9937,9767,9877,10106,9989,10038,10094,9788,9936,9930)

y <- c(10149,10099,10072,10228,10286,10048,10110,10019,10168,9864,10199,10122,10126,10221,10073,10087,9973,9934,10030,10128)

t.test(x,y,paired=T)

输出结果：

  Paired t-test

data: x and y

t = -3.8725, df = 19, p-value = 0.001025

alternative hypothesis: true difference in means is not equal to 0

95 percent confidence interval:

 -202.34207 -60.35793

sample estimates:

mean of the differences

   -131.35

结果和前面一致。

### 5. Python 软件

from scipy import stats

x1 = [10064,…,9930]

x2 = [10149,…,10128]

print(stats.ttest_ind(x1,x2))

运行结果：

Ttest_indResult(statistic = -4.00650942286726, pvalue = 0.00027698740010639053)

结果中 pvalue < 0.05，这说明工艺改进前后，射程均值存在显著差异。

# 第3章 假设检验

统计推断的另一类重要问题是假设检验问题。假设检验分为参数假设检验和非参数假设检验。

参数假设检验：对总体分布中的参数作某项假设，用总体中的样本检验此项假设是否成立。

非参数假设检验：对总体的分布作某项假设，用来自总体的某一样本检验此项假设是否成立。

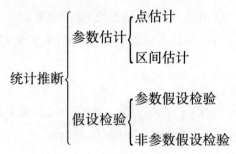

## 3.1 参数假设检验

### 3.1.1 假设检验的基本概念

假设检验问题：为了了解总体的某些特性，首先做出某种假设，然后根据样本去检验这种假设是否合理，经检验后若假设合理就接受这个假设，否则拒绝这个假设。

这里,先结合例子来说明假设检验的基本思想和做法。

【例3.1.1】某车间用一台包装机包装葡萄糖是一个随机变量,它服从正态分布。当机器正常时,其均值为0.5kg,标准差为0.015kg。某日开工后为检验包装机是否正常,随机地抽取它所包装的糖9袋,称得净重为(kg):

0.497　0.506　0.518　0.524　0.498　0.511　0.520　0.515　0.512

问机器是否正常?

以 $\mu$、$\sigma$ 分别表示这一天袋装重总体 $X$ 的均值和标准差。由于长期表明标准差比较稳定,则设 $\sigma=0.015$。于是 $X \sim N(\mu, 0.015^2)$,其中 $\mu$ 未知。

问题:根据样本值来判断 $\mu=0.5$ 还是 $\mu \neq 0.5$。

【基本思想】

(1)提出两个相互对立的假设:

$$H_0 : \mu = \mu_0 = 0.5 \quad (H_0 \text{ 称为原假设,或称为零假设})$$

和

$$H_1 : \mu \neq \mu_0 \quad (H_1 \text{ 称为备选假设})$$

(2)给出一个合理的法则;

(3)利用已知样本作出接受 $H_0$ 还是拒绝 $H_0$ 的决策。

接受 $H_0$ 则认为 $\mu=\mu_0$,即认为机器工作是正常的;拒绝 $H_0$ 则认为 $\mu \neq \mu_0$,即认为机器工作不正常。

【法则】

$\overline{X}$ 是 $\mu$ 的无偏估计量,$\overline{X}$ 的观察值的大小在一定程度上反映 $\mu$ 的大小。$|\bar{x}-\mu_0|$ 不太大,接受 $H_0$;$|\bar{x}-\mu_0|$ 过分大,拒绝 $H_0$。因为

$$\frac{|\bar{x}-\mu_0|}{\sigma/\sqrt{n}} \sim N(0,1)$$

所以 $|\bar{x}-\mu_0|$ 转化为 $\dfrac{|\bar{x}-\mu_0|}{\sigma/\sqrt{n}}$。基于这种想法,可适当选定一正数 $k$:当 $\dfrac{|\bar{x}-\mu_0|}{\sigma/\sqrt{n}} \geq k$ 时,拒绝 $H_0$,当 $\dfrac{|\bar{x}-\mu_0|}{\sigma/\sqrt{n}} < k$ 时,接受 $H_0$。然而,由于作出决策的依据是一个样本,当实际上 $H_0$ 为真值时仍可能作出拒绝 $H_0$ 的决策。我们无法排除这类错误的可能性,因此,自然希望将犯这类错误的概率控制在一定限度内,即给出一个较小的数 $\alpha(0<\alpha<1)$,使犯这类错误的概率不超过 $\alpha$,即

$$P\{\text{当 } H_0 \text{ 为真而拒绝 } H_0\} = \alpha$$

如何确定 $k$? 考虑统计量 $Z = \dfrac{|\overline{X} - \mu_0|}{\sigma/\sqrt{n}}$,由于只允许犯这类错误的概率最大为 $\alpha$,则

$$P\{\text{当 } H_0 \text{ 为真而拒绝 } H_0\} = P_{\mu_0}\left\{\left|\dfrac{\overline{X} - \mu_0}{\sigma/\sqrt{n}}\right| \geq k\right\} = \alpha$$

所以 $k = z_{\alpha/2}$。

结论是:若 $Z$ 的观察值满足:

$$|z| = \left|\dfrac{\overline{x} - \mu_0}{\sigma/\sqrt{n}}\right| \geq k = z_{\alpha/2},(\text{拒绝 } H_0)$$

$$|z| = \left|\dfrac{\overline{x} - \mu_0}{\sigma/\sqrt{n}}\right| < k = z_{\alpha/2},(\text{接受 } H_0)$$

【说明】(1)这个检验法则是符合实际推断原理的,$\alpha$ 总是取得较小,一般取 $\alpha = 0.01,0.05$;

(2)检验法则是根据样本作出的,总有可能作出错误的决策。

①"弃真"为第Ⅰ类错误,加以控制;

②"取伪"为第Ⅱ类错误,不考虑。

1. 原假设(或零假设)和备选假设

【定义】在显著性水平 $\alpha$ 下,检验假设

$$H_0 : \mu = \mu_0 \leftrightarrow H_1 : \mu \neq \mu_0$$

称 $H_0$ 为原假设或零假设,称 $H_1$ 为备选假设。

2. 拒绝域

【定义】当检验统计量取某个区域 $C$ 中的值时,我们拒绝原假设 $H_0$,则称区域 $C$ 为拒绝域,拒绝域的边界点称为临界点。

3. 假设检验问题的步骤

(1)根据实际问题的要求,提出原假设 $H_0$ 及备选假设 $H_1$;

(2)建立检验统计量:选择检验统计量并确定其分布;

(3)确定拒绝域:在给定的显著性水平下,确定 $H_0$ 关于统计量的拒绝域;

(4)计算:算出样本点对应的检验统计量的值;

(5)判断:若统计量的值落在拒绝域内,则拒绝 $H_0$,否则接受 $H_0$。

下面求解例 3.1.1。

【解】①按题意需检验假设

$$H_0:\mu=\mu_0=0.5 \leftrightarrow H_1:\mu\neq\mu_0=0.5$$

②取检验统计量为 $\dfrac{\overline{X}-\mu}{\sigma/\sqrt{n}} \sim N(0,1)$;

③对于 $\alpha=0.05$,有

$$P\{当 H_0 为真而拒绝 H_0\}=P_{\mu_0}\left\{\left|\dfrac{\overline{X}-\mu_0}{\sigma/\sqrt{n}}\right|\geq k\right\}=\alpha,(k=z_{\alpha/2})$$

所以拒绝域为 $\left|\dfrac{\overline{x}-\mu_0}{\sigma/\sqrt{n}}\right|\geq z_{\alpha/2}$;

④$n=9, \sigma=0.015, \alpha=0.05, k=z_{\alpha/2}=z_{0.05/2}=1.96$

由样本

$$\left|\dfrac{\overline{x}-\mu_0}{\sigma/\sqrt{n}}\right|=2.2>1.96$$

⑤拒绝 $H_0$,认为这天包装机工作不正常。

### 3.1.2 假设检验的分类

1. 双边假设检验

【定义】检验假设

$$H_0:\mu=\mu_0 \leftrightarrow H_1:\mu\neq\mu_0 \tag{3.1}$$

称形如式(3.1)的假设检验为双边假设检验。

2. 单边检验

(1)【定义】

检验假设

$$H_0:\mu\leq\mu_0 \leftrightarrow H_1:\mu>\mu_0 \tag{3.2}$$

称形如式(3.2)的假设检验为右边检验;

检验假设

$$H_0:\mu\geq\mu_0 \leftrightarrow H_1:\mu<\mu_0 \tag{3.3}$$

称形如式(3.3)的假设检验为左边检验。

(2)单边检验的拒绝域

**【例 3.1.2】** 设总体 $X \sim N(\mu, \sigma^2)$，$\sigma$ 为已知，$X_1, X_2, \cdots, X_n$ 是来自 $X$ 的样本。给定显著性水平 $\alpha$，我们来检验问题

$$H_0: \mu \leq \mu_0 \leftrightarrow H_1: \mu > \mu_0 \tag{3.4}$$

的拒绝域。

**【解】** 因 $H_0$ 中全部 $\mu$ 都比 $H_1$ 中的 $\mu$ 要小，当 $H_1$ 为真时，观察值 $\bar{x}$ 往往偏大，因此，拒绝域的形式为

$$\bar{x} \geq k \quad (k \text{ 是某一个正常数})$$

下面来确定常数 $k$，与例 3.1.1 类似。

$$P\{\text{当 } H_0 \text{ 为真而拒绝 } H_0\} = P_{\mu \in H_0}\{\bar{x} \geq k\}$$

$$= P_{\mu \leq \mu_0}\left\{\left|\frac{\bar{X} - \mu_0}{\sigma/\sqrt{n}}\right| \geq \left|\frac{k - \mu_0}{\sigma/\sqrt{n}}\right|\right\}$$

$$\leq P_{\mu \leq \mu_0}\left\{\left|\frac{\bar{X} - \mu}{\sigma/\sqrt{n}}\right| \geq \left|\frac{k - \mu_0}{\sigma/\sqrt{n}}\right|\right\}$$

上式不等号成立是由于 $\mu \leq \mu_0$，$\frac{\bar{X} - \mu}{\sigma/\sqrt{n}} \geq \frac{\bar{X} - \mu_0}{\sigma/\sqrt{n}}$，事件 $\left\{\frac{\bar{X} - \mu_0}{\sigma/\sqrt{n}} \geq \frac{k - \mu_0}{\sigma/\sqrt{n}}\right\} \subset \left\{\frac{\bar{X} - \mu}{\sigma/\sqrt{n}} \geq \frac{k - \mu_0}{\sigma/\sqrt{n}}\right\}$

所以要控制 $P\{\text{当 } H_0 \text{ 为真而拒绝 } H_0\} \leq \alpha$，只需令

$$P_{\mu \leq \mu_0}\left\{\left|\frac{\bar{X} - \mu}{\sigma/\sqrt{n}}\right| \geq \left|\frac{k - \mu_0}{\sigma/\sqrt{n}}\right|\right\} = \alpha$$

由

$$\frac{\bar{X} - \mu}{\sigma/\sqrt{n}} \sim N(0, 1)$$

$$\frac{k - \mu_0}{\sigma/\sqrt{n}} = z_\alpha, \quad k = \mu_0 + \frac{\sigma}{\sqrt{n}} z_\alpha$$

得到拒绝域为 $\bar{x} \geq \mu_0 + \frac{\sigma}{\sqrt{n}} z_\alpha$，即

$$z = \frac{\bar{x} - \mu_0}{\sigma/\sqrt{n}} \geq z_\alpha \tag{3.5}$$

类似地，可得左边检验问题：

$$H_0: \mu \geq \mu_0 \leftrightarrow H_1: \mu < \mu_0 \tag{3.6}$$

的拒绝域为

$$z = \frac{\bar{x} - \mu_0}{\sigma/\sqrt{n}} \leq -z_\alpha \tag{3.7}$$

## 3.2 正态总体均值与方差的假设检验

### 3.2.1 单正态总体参数的检验

**1. 单正态总体均值的检验**

设 $X_1, X_2, \cdots, X_n$ 是来自正态总体 $N(\mu, \sigma^2)$ 的样本,常见的关于均值的假设检验如下:

(1) $H_0: \mu = \mu_0 \leftrightarrow H_1: \mu \neq \mu_0$,($\mu_0$ 为已知常数);

(2) $H_0: \mu \leq \mu_0 \leftrightarrow H_1: \mu > \mu_0$ 或 $H_0: \mu = \mu_0 \leftrightarrow H_1: \mu \geq \mu_0$;

(3) $H_0: \mu \geq \mu_0 \leftrightarrow H_1: \mu < \mu_0$ 或 $H_0: \mu = \mu_0 \leftrightarrow H_1: \mu < \mu_0$。

(1) 方差 $\sigma^2$ 已知时,均值 $\mu$ 的双边检验($U$ 检验)

这种情况在上节已经讲过,结论是对给定的显著性水平 $\alpha$,假设 $H_0: \mu = \mu_0$ 的拒绝域为

$$|Z| = \left| \frac{\overline{X} - \mu_0}{\sigma/\sqrt{n}} \right| > \delta_{\alpha/2}$$

类似地,可以讨论单边检验。

(2) 方差 $\sigma^2$ 未知时,均值 $\mu$ 的检验($t$ 检验)

我们求检验问题

$$H_0: \mu = \mu_0 \leftrightarrow H_1: \mu \neq \mu_0$$

的拒绝域。

由于 $\sigma^2$ 未知,现在不能利用 $\dfrac{\overline{X} - \mu_0}{\sigma/\sqrt{n}}$ 来确定拒绝域了。注意到 $S_n^{*2}$ 是 $\sigma^2$ 的无偏估计,我们自然用 $S_n^{*2}$ 代替 $\sigma$,采用

$$T = \frac{\bar{x} - \mu_0}{S_n^*/\sqrt{n}}$$

作为检验统计量。

当观察值 $|t| = \left| \dfrac{\bar{x} - \mu_0}{S_n^*/\sqrt{n}} \right|$ 过分大时就拒绝 $H_0$ 拒绝域的形式为

$$|t| = \left|\frac{\bar{x}-\mu_0}{S_n^*/\sqrt{n}}\right| \geq k$$

已知 $H_0$ 为真时，$|t| = \left|\frac{\bar{x}-\mu_0}{S_n^*/\sqrt{n}}\right| \sim t(n-1)$，故由

$$P\{\text{当 } H_0 \text{ 为真而拒绝 } H_0\} = P_{\mu_0}\left\{\left|\frac{\bar{X}-\mu_0}{\sigma/\sqrt{n}}\right| \geq k\right\} = \alpha$$

得 $k = t_{\alpha/2}(n-1)$，即得拒绝域为

$$|t| = \left|\frac{\bar{x}-\mu_0}{S_n^*/\sqrt{n}}\right| \geq t_{\alpha/2}(n-1) \tag{3.8}$$

关于 $\mu$ 的单边检验可类似推导。利用 $t$ 统计量得出的检验法称为 $t$ 检验法。在实际中，正态总体的方差常为未知，所以我们常用 $t$ 检验法来检验关于正态总体均值的检验问题。

**2. 单正态总体方差的检验（$\chi^2$ 检验法）**

假设总体 $X \sim (\mu, \sigma^2)$，$\mu, \sigma^2$ 均未知，$X_1, X_2, \cdots, X_n$ 是来自 $X$ 的样本，检验假设

$$H_0: \sigma^2 = \sigma_0^2 \leftrightarrow H_1: \sigma^2 \neq \sigma_0^2 \tag{3.9}$$

**【解】** $S_n^{*2}$ 是 $\sigma^2$ 的无偏估计，即 $E(S_n^{*2}) = \sigma^2$

当 $H_0$ 为真时，观察值 $S_n^{*2}$ 与 $\sigma_0^2$ 的比值 $\frac{S_n^{*2}}{\sigma_0^2}$ 一般来说应在 1 附近摆动，而不应过分大于 1 或过分小于 1，且有结论

$$\chi^2 = \frac{(n-1)S_n^{*2}}{\sigma_0^2} = \frac{\sum_{i=1}^{n}(X_i-\bar{X})^2}{\sigma_0^2} \sim \chi^2(n-1)$$

所以取 $\chi^2 = \frac{(n-1)S_n^{*2}}{\sigma_0^2}$ 作为检验统计量，且拒绝域具有以下的形式：

$$\frac{(n-1)S_n^{*2}}{\sigma_0^2} \leq k_1 \text{ 或 } \frac{(n-1)S_n^{*2}}{\sigma_0^2} \geq k_2$$

此处 $k_1, k_2$ 的值由下式确定：

$$P\{\text{当 } H_0 \text{ 为真而拒绝 } H_0\} = P_{\sigma_0^2}\left\{\left(\frac{(n-1)S_n^{*2}}{\sigma_0^2} \leq k_1\right) \cup \left(\frac{(n-1)S_n^{*2}}{\sigma_0^2} \geq k_2\right)\right\} = \alpha$$

为计算方便起见，习惯上取

$$P_{\sigma_0^2}\left\{\frac{(n-1)S_n^{*2}}{\sigma_0^2}\leq k_1\right\}=\frac{\alpha}{2}, \text{或} P_{\sigma_0^2}\left\{\frac{(n-1)S_n^{*2}}{\sigma_0^2}\geq k_2\right\}=\frac{\alpha}{2}$$

则

$$k_1=\chi_{1-\alpha/2}^2(n-1), k_2=\chi_{\alpha/2}^2(n-1)$$

于是得拒绝域为

$$\frac{(n-1)S_n^{*2}}{\sigma_0^2}\leq\chi_{1-\frac{\alpha}{2}}^2(n-1)\text{或}\frac{(n-1)S_n^{*2}}{\sigma_0^2}\leq\chi_{\frac{\alpha}{2}}^2(n-1) \tag{3.10}$$

类似地,可得右边检验问题

$$H_0:\sigma^2\leq\sigma_0^2\leftrightarrow H_1:\sigma^2>\sigma_0^2$$

的拒绝域:

$$\chi^2=\frac{(n-1)S_n^{*2}}{\sigma_0^2}\geq\chi_\alpha^2(n-1) \tag{3.11}$$

左边检验问题

$$H_0:\sigma^2\geq\sigma_0^2\leftrightarrow H_1:\sigma^2<\sigma_0^2$$

的拒绝域:

$$\chi^2=\frac{(n-1)S_n^{*2}}{\sigma_0^2}\leq\chi_{1-\alpha}^2(n-1) \tag{3.12}$$

### 3.2.2 两正态总体参数的假设检验

**1. 方差未知但相等时两个正态总体均值的检验($t$检验法)**

设有两个独立的正态总体 $X\sim N(\mu_1,\sigma_1^2)$, $Y\sim N(\mu_2,\sigma_2^2)$, $X_1,X_2,\cdots,X_{n1}$ 与 $Y_1,Y_2,\cdots,Y_{n2}$ 分别是 $X$ 和 $Y$ 的样本, $\bar{X},\bar{Y},S_{1n_1}^{*2},S_{2n_2}^{*2}$ 是相应的样本均值和修正样本方差。常见的关于均值的假设检验如下:

$H_0:\mu_1=\mu_2\leftrightarrow H_1:\mu_1\neq\mu_2$(双边检验)

$H_0:\mu_1\leq\mu_2\leftrightarrow H_1:\mu_1>\mu_2$(右边检验)

$H_0:\mu_1\geq\mu_2\leftrightarrow H_1:\mu_1<\mu_2$(左边检验)

我们以 $\sigma_1^2,\sigma_2^2$ 未知,但 $\sigma_1^2=\sigma_2^2$ 为例,讨论检验假设

$$H_0:\mu_1=\mu_2\leftrightarrow H_1:\mu_1\neq\mu_2$$

检验统计量取

$$T = \frac{\overline{X} - \overline{Y}}{\sqrt{(n_1-1)S_{1n_1}^{*2} + (n_2-1)S_{2n_2}^{*2}}} \sqrt{\frac{n_1 n_2 (n_1 + n_2 - 2)}{n_1 + n_2}}$$

在假设 $H_0$ 成立的条件下,服从自由度为 $n_1 + n_2 - 2$ 的 $t$ 分布。给定显著水平 $\alpha$,查 $t$ 分布表,取临界值 $t_{\alpha/2}(n_1 + n_2 - 2)$,由

$$P\{|T| \geq t_{\alpha/2}(n_1 + n_2 - 2)\} = \alpha$$

得 $H_0$ 的拒绝域为

$$|T_0| \geq t_{\alpha/2}(n_1 + n_2 - 2) \tag{3.13}$$

2. 两个正态总体方差相等的检验($F$ 检验法)

在方差未知情形两个正态总体均值检验中,假设两个总体的方差相等,那么怎么知道相等方差呢?除非有大量经验可以预先作出判断,否则就需要根据样本来检验假设

$$H_0: \sigma_1^2 = \sigma_2^2 \leftrightarrow H_1: \sigma_1^2 \neq \sigma_2^2 \tag{3.14}$$

是否真的成立。下面我们来求一下拒绝域。

【解】因为 $E(S_{1n_1}^{*2}) = \sigma_1^2, E(S_{2n_2}^{*2}) = \sigma_2^2$,所以当 $H_0$ 成立时,统计量

$$F = \frac{S_{1n_1}^{*2}}{S_{2n_2}^{*2}}$$

的值应接近于 1,否则当 $\sigma_1^2 > \sigma_2^2$ 时,$F$ 的值应有偏大的趋势,当 $\sigma_1^2 < \sigma_2^2$ 时,$F$ 的值应有偏小的趋势,因此,$F$ 的值偏大或偏小,假设 $H_0$ 不大可能成立。由定理 1.6 知,当 $H_0$ 成立时,$F$ 服从自由度为 $(n_1 - 1, n_2 - 1)$ 的 $F$ 分布。因此,对给定的显著水平 $\alpha$,由附表可查得 $F_{1-\alpha/2}(n_1 - 1, n_2 - 1)$ 和 $F_{\alpha/2}(n_1 - 1, n_2 - 1)$ 的值,使

$$P\{F \geq F_{\alpha/2}(n_1 - 1, n_2 - 1)\} = P\{F \leq F_{1-\alpha/2}(n_1 - 1, n_2 - 1)\} = \frac{\alpha}{2}$$

故检验的拒绝域为

$$W = \{F \geq F_{\alpha/2}(n_1 - 1, n_2 - 1)\} \cup \{F \leq F_{1-\alpha/2}(n_1 - 1, n_2 - 1)\} \tag{3.15}$$

一次抽样后计算出 $S_{1n_1}^{*2}$ 和 $S_{2n_2}^{*2}$ 的值,从而计算出 $F$ 的值,若

$$F \leq F_{1-\alpha/2}(n_1 - 1, n_2 - 1) \text{ 或 } F \geq F_{\alpha/2}(n_1 - 1, n_2 - 1)$$

则拒绝接受 $H_0$,否则接受假设 $H_0$。

## 3.3 非参数假设检验

前面介绍的各种统计的假设的检验方法,几乎都假定了总体服从正态分布,然

后再由样本对分布参数进行检验。但在实际问题中,有时不能预知总体服从什么分布,这时就需要根据样本来检验关于总体分布的各种假设,这就是分布的假设检验问题。在数理统计学中把不依赖于分布的统计方法称为非参数统计方法。

本讲讨论的问题就是非参数假设检验问题。

### 3.3.1 分布函数拟合检验

1. $\chi^2$ 拟合优度检验

1) 多项分布的 $\chi^2$ 检验法

【例3.3.1】将一颗骰子掷了120次,结果如下:

点数:1,2,3,4,5,6

频数:21,28,19,24,16,12

问这颗骰子是否匀称($\alpha = 0.05$)?

【解】分析:由题意,欲检验假设

$$H_0: p_i = \frac{1}{6} \leftrightarrow H_1: p_i \neq \frac{1}{6} (i = 1, 2, \cdots, 6)$$

下面我们先进行理论分析。

设总体是仅取 $m$ 个可能值的离散型随机变量,不失一般性,设 $X$ 的可能值是 $1, 2, \cdots, m$,记它取值为 $i$ 的概率为 $P_i$,即

$$P\{X = i\} = P_i \left(i = 1, 2, \cdots, m; \sum_{i=1}^{m} P_i = 1\right)$$

设 $X_1, X_2, \cdots, X_n$ 是从总体 $X$ 中抽得的简单随机样本,$x_1, x_2, \cdots, x_n$ 是样本观察值。用 $N_i$ 表示样本 $X_1, X_2, \cdots, X_n$ 中取值为 $i$ 的个数,即样本中出现事件 $\{X = i\}$ 的频数,则 $N_i$ 是样本的函数,所以 $N_1, N_2, \cdots, N_m$ 是随机变量,且有 $\sum_{i=1}^{m} N_i = n$,$N_1, N_2, \cdots, N_m$ 服从多项分布,其概率分布为

$$P\{N_1 = n_1, N_2 = n_2, \cdots, N_m = n_m\} = \frac{n!}{n_1! \; n_2! \; \cdots n_m!} P_1^{n_1} P_2^{n_2} \cdots P_m^{n_m}$$

需要检验假设:

$$H_0: P_i = P_{i_0} \leftrightarrow H_1: P_i \neq P_{i_0} (i = 1, 2, \cdots, m), P_{i_0} \text{是已知数} \quad (3.16)$$

频数是概率的反映。如果总体的概率分布的确是 $(P_{1_0}, P_{2_0}, \cdots, P_{m_0})$,那么,当

观察个数 $n$ 越来越大时,频率 $\frac{n_i}{n}$ 与 $P_{i_0}$ 之间的差异将越来越小。因此频率 $\frac{n_i}{n}$ 与 $P_{i_0}$ 之间的差异程度可以反映出 $P_{1_0},P_{2_0},\cdots,P_{m_0}$ 是不是总体的真分布。

卡尔·皮尔逊首先提出运用统计量

$$\chi_n^2 = \sum_{i=1}^m \frac{(N_i - nP_{i_0})}{nP_{i_0}}$$

来衡量 $\frac{N_i}{n}$ 与 $P_{i_0}$ 之间的差异程度,这个统计量称为皮尔逊统计量。

直观上比较清楚,如果 $P_{1_0},P_{2_0},\cdots,P_{m_0}$ 是总体服从的真实概率分布,统计量 $\chi_n^2$ 要偏小些,否则就有偏大的趋势。因此可以用 $\chi_n^2$ 来作为多项分布的检验统计量,但需要知道分布。下面的定理给出了它的渐近分布。

**【定理 3.3.1】** 当 $P_{1_0},P_{2_0},\cdots,P_{m_0}$ 是总体的真实概率分布时,统计量 $\chi_n^2 = \sum_{i=1}^m \frac{(N_i - nP_{i_0})}{nP_{i_0}}$ 渐近服从自由度为 $m-1$ 的 $\chi^2$ 分布,即

$$\chi_n^2 = \sum_{i=1}^m \frac{(N_i - nP_{i_0})^2}{nP_{i_0}} \approx \chi^2(m-1) \tag{3.17}$$

根据定理 3.3.1,当 $n$ 充分大时,可以近似地认为 $\chi_n^2$ 近似服从于 $\chi^2(m-1)$ 分布。对给定的显著性水平 $\alpha$,由 $\chi^2$ 分布求出常数 $\chi_\alpha^2(m-1)$,使

$$P\{\chi_n^2 \geq \chi_\alpha^2(m-1)\} \approx \alpha$$

给定一组样本值 $x_1,x_2,\cdots,x_n$,对应 $N_1,N_2,\cdots,N_m$ 的值为 $n_1,n_2,\cdots,n_m$,$\hat{\chi}_n^2 = \sum_{i=1}^m \frac{(N_i - nP_{i_0})}{nP_{i_0}}$。若 $\hat{\chi}_n^2 \geq \chi_\alpha^2(m-1)$,则拒绝 $H_0$,认为有差异,若 $\hat{\chi}_n^2 \leq \chi_\alpha^2(m-1)$,接受 $H_0$。

例 3.3.1 求解:$\hat{\chi}_n^2 = 8.1$,$\chi_{0.05}^2(6-1) = 11.07$,$\hat{\chi}_n^2 < \chi_{0.05}^2(5)$,接受 $H_0$,即可以认为这颗骰子是匀称的。

2) 检验总体是否服从某个给定的 $F_0(x)$

(1) 分布不含未知参数。当总体 $X$ 不具有多项分布,但其分布函数 $F(x)$ 具有明确表达式,设 $X_1,X_2,\cdots,X_n$ 是来自 $F(x)$ 的样本。

检验假设:

$$H_0:F(x) = F_0(x) \leftrightarrow H_1:F(x) \neq F_0(x) \tag{3.18}$$

选取 $m-1$ 个实数 $-\infty < a_1 < a_2 < \cdots < a_{m-1} < \infty$,它们将实轴分为 $m$ 个区间,$A_1 = (-\infty,a_1)$,$A_2 = [a_1,a_2),\cdots,[a_{m-1},+\infty)$,记

$$\begin{cases} P_{1_0} = F_0(a_1) \\ P_{i_0} = F_0(a_i) - F_0(a_{i-1}) \quad (i=2,3,\cdots,m-1) \\ P_{m_0} = 1 - F_0(a_{m-1}) \end{cases}$$

假设 $x_1, x_2, \cdots, x_n$ 是容量为 $n$ 的样本的一组值,$n_i$ 为样本落入 $A_i$ 的频数,$\sum_{i=1}^{m} n_i = n$,则 $N_1, N_2, \cdots, N_m$ 服从多项分布,当假设 $H_0: F(x) = F_0(x)$ 成立时,统计量为

$$\chi_n^2 = \sum_{i=1}^{m} \frac{(N_i - nP_{i_0})^2}{nP_{i_0}} \approx \chi^2(m-1)$$

关于分布函数的检验问题归结为多项分布的 $\chi^2$ 的检验问题。

(2) 分布中含有未知参数($\chi^2$ 拟合优度检验法)。

检验假设:

$$H_0: F(x) = F_0(x; \theta_1, \cdots, \theta_r) \leftrightarrow H_1: F(x) \neq F_0(x; \theta_1, \cdots, \theta_r) \quad (3.19)$$

其中,$F_0$ 形式已知,而 $\theta_1, \cdots, \theta_r$ 未知。

【分析】从总体中抽取一个样本,令 $\hat{\theta}_1, \cdots, \hat{\theta}_r$ 是未知参数 $\theta_1, \cdots, \theta_r$ 的最大似然估计,将其代入 $F_0$ 的表达式,则 $F_0(x; \hat{\theta}_1, \cdots, \hat{\theta}_r)$ 变成已知函数,得

$$\begin{cases} \hat{P}_{1_0} = F_0(a_1; \hat{\theta}_1, \cdots, \hat{\theta}_r) \\ \hat{P}_{i_0} = F_0(a_i; \hat{\theta}_1, \cdots, \hat{\theta}_r) - F_0(a_{i-1}; \hat{\theta}_1, \cdots, \hat{\theta}_r) \quad (i=2,3,\cdots,m-1) \\ \hat{P}_{m_0} = 1 - F_0(a_{m-1}; \hat{\theta}_1, \cdots, \hat{\theta}_r) \end{cases}$$

得统计量为

$$\chi_n^2 = \sum_{i=1}^{m} \frac{(N_i - n\hat{P}_{i_0})^2}{n\hat{P}_{i_0}} \approx \chi^2(m-r-1) \quad (3.20)$$

【注】$\chi^2$ 拟合优度检验法的缺点:它依赖于区间的划分,有可能接受不真的假设 $H_0$,下面介绍的柯尔莫哥洛夫检验法比 $\chi^2$ 拟合优度检验更为精确,它可检验经验分布是否服从某种理论分布,但总体的分布要求必须假定为连续。

2. 柯尔莫哥洛夫检验

设 $(x_1, x_2, \cdots, x_n)$ 是来自具有连续分布函数 $F(x)$ 的一个样本,检验假设

$$H_0: F(x) = F_0(x) \leftrightarrow H_1: F(x) \neq F_0(x) \quad (3.21)$$

**检验思想**：当 $n$ 充分大时，样本经验分布函数 $F_n(x)$ 与 $F(x)$ 之间的偏差一般不应太大，因为由格列汶科定理（定理 1.3）可知，$F_n(x)$ 以概率 1 均匀收敛于 $F(x)$，所以用它们的偏差最大值

$$D_n = \sup_{-\infty < x < +\infty} |F_n(x) - F(x)| \qquad (3.22)$$

判断总体分布（$0 < D_n < 1$）比较合理，下面求 $D_n$ 的分布。

**【定理 3.3.2】** 设总体分布函数 $F(x)$ 连续，$x_1, x_2, \cdots, x_n$ 为 $X$ 的一个样本，样本容量为 $n$，当 $H_0 : F(x) = F_0(x)$ 为真时，有

$$\lim_{n \to \infty} P\left\{ D_n < \frac{\lambda}{\sqrt{n}} \right\} = Q(\lambda), \text{ 其中 } Q(\lambda) = \begin{cases} \sum_{k=-\infty}^{+\infty} (-1)^k e^{-2k^2\lambda^2} & (\lambda > 0) \\ 0 & (\lambda \leq 0) \end{cases} \qquad (3.23)$$

柯尔莫哥洛夫检验步骤：

(1) 原假设 $H_0 : F(x) = F_0(x)$。

(2) 在 $H_0$ 成立的条件下，取统计量：

$$D_n = \sup_{-\infty < x < +\infty} |F_n(x) - F(x)|$$

(3) 对给定的显著性水平：

$$P(D_n > D_{n,\alpha}) = \alpha$$

(4) 由附录中附表 5 查得 $D_{n,\alpha}$。当 $n > 100$ 较大时，由定理 3.3.2 可知

$$P\left\{ D_n < \frac{\lambda}{\sqrt{n}} \right\} \approx Q(\lambda)$$

又 $1 - \alpha = Q(\lambda_{1-\alpha}) = P(\sqrt{n} D_n \leq \lambda_{1-\alpha}) = 1 - P\left(D_n > \frac{\lambda_{1-\alpha}}{\sqrt{n}}\right) = 1 - \alpha$，即

$P\left(D_n > \frac{\lambda_{1-\alpha}}{\sqrt{n}}\right) = \alpha$，所以 $D_{n,\alpha} \approx \frac{\lambda_{1-\alpha}}{\sqrt{n}}$，$\lambda_{1-\alpha}$ 由附录中附表 6 查出。

(5) 判断：若 $D_n > D_{n,\alpha}$，则拒绝 $H_0$，若 $D_n < D_{n,\alpha}$ 则接受 $H_0$。

### 3.3.2 两总体之间关系的假设检验

前面讨论了总体分布函数 $F(x)$ 的假设检验，但在许多实际问题中，经常还会要求比较两个总体分布函数是否相等以及是否独立的问题，先介绍两个总体的分布是否相同的检验——斯米尔诺夫检验。

**1. 斯米尔诺夫检验**

设 $F(x)$ 与 $G(x)$ 分别是总体 $X$ 与 $Y$ 的分布函数，现在要求检验假设

$$H_0: F(x) = G(x) \tag{3.24}$$

若 $F(x)$ 与 $G(x)$ 是同一种分布函数,问题归结为两总体参数是否相等的参数检验问题。

若 $F(x)$ 与 $G(x)$ 完全未知,我们用非参数方法进行检验。

假设 $X_1, X_2, \cdots, X_{n_1}$ 和 $Y_1, Y_2, \cdots, Y_{n_2}$ 是分别来自总体 $F(x)$ 与 $G(x)$ 的样本,而且相互独立,欲检验假设

$$H_0: F(x) = G(x) \leftrightarrow H_1: F(x) \neq G(x) \quad (-\infty < x < +\infty) \tag{3.25}$$

【分析】设 $F_{n_1}(x)$ 与 $G_{n_2}(x)$ 分别是这两个样本所对应的经验分布函数,作统计量:

$$D_{n_1,n_2} = \sup_{-\infty < x < +\infty} |F_{n_1}(x) - G_{n_2}(x)|$$

式中:$D_{n_1,n_2}$ 有精确分布和近似分布。对给定 $\alpha$,令 $n = \dfrac{n_1 n_2}{n_1 + n_2}$,由附录中附表 5 查出 $D_{n,\alpha}$,或由附表 6 查出 $\lambda_{1-\alpha}$,计算 $\dfrac{\lambda_{1-\alpha}}{\sqrt{n}}$,若 $\hat{D}_{n_1,n_2} > D_{n,\alpha}$ 或 $\hat{D}_{n_1,n_2} > \dfrac{\lambda_{1-\alpha}}{\sqrt{n}}$,则拒绝 $H_0$,否则接受 $H_0$。

2. 独立性检验

下面介绍随机变量 $X$ 和 $Y$ 是否独立的 $\chi^2$ 检验法。

设总体为离散型随机变量 $(X,Y)$,$X$ 的所有可能的不同取值为 $a_1, a_2, \cdots, a_m$,$Y$ 的所有可能的不同取值为 $b_1, b_2, \cdots, b_k$,对 $(X,Y)$ 做 $n$ 次独立观测,得到事件 $\{X = a_i, Y = b_j\}$ 的频数为 $n_{ij}$ $(i = 1, 2, \cdots, m; j = 1, 2, \cdots, k)$,抽样数据见表 3.3.1。

表 3.3.1 抽样数据

| $X$ | $Y$ | | | | |
|---|---|---|---|---|---|
| | $b_1$ | $b_2$ | $\vdots$ | $b_k$ | $n_{i\cdot} = \sum_{j=1}^{k} n_{ij}$ |
| $a_1$ | $n_{11}$ | $n_{12}$ | | $n_{1k}$ | $n_1\cdot$ |
| $a_2$ | $n_{21}$ | $n_{22}$ | $\vdots$ | $n_{2k}$ | $n_2\cdot$ |
| $\vdots$ | $\vdots$ | $\vdots$ | | $\vdots$ | $\vdots$ |
| $a_m$ | $n_{m1}$ | $n_{m2}$ | | $n_{mk}$ | $n_m\cdot$ |
| $n_{\cdot j} = \sum_{i=1}^{m} n_{ij}$ | $n_{\cdot 1}$ | $n_{\cdot 2}$ | $\vdots$ | $n_{\cdot k}$ | |

对于表 3.3.1,需要检验假设:

$$H_0: X 与 Y 相互独立, \leftrightarrow H_1: X 与 Y 不相互独立 \tag{3.26}$$

假设 $(X,Y)$ 的联合分布函数为 $F(x,y)$，边缘分布函数为 $F_X(x), F_Y(y)$，则 $X$ 与 $Y$ 相互独立等价于

$$F(x,y) = F_X(x)F_Y(y) \quad (-\infty < x, y < +\infty)$$

记

$$\begin{cases} p_{ij} = P\{X=a_i, Y=b_j\} \\ p_{i\cdot} = \sum_{j=1}^{k} p_{ij} \\ p_{\cdot j} = \sum_{i=1}^{m} p_{ij} \end{cases} (i=1,2,\cdots,m; j=1,2,\cdots,k)$$

则上述假设检验可转化为

$$H_0: p_{ij} = p_{i\cdot} \cdot p_{\cdot j} \leftrightarrow H_1: p_{ij} \neq p_{i\cdot} \cdot p_{\cdot j}, (i=1,2,\cdots,m; j=1,2,\cdots,k) \tag{3.27}$$

检验统计量为

$$\chi^2 = n \sum_{i=1}^{m} \sum_{j=1}^{k} \frac{\left(n_{ij} - \frac{n_i n_j}{n}\right)^2}{n_i n_j} \sim \chi^2[(m-1)(k-1)] \tag{3.28}$$

对于显著性水平 $\alpha$，若 $\chi^2 > \chi_\alpha^2[(m-1)(k-1)]$，拒绝 $H_0$，若 $\chi^2 < \chi_\alpha^2[(m-1)(k-1)]$，接受 $H_0$。

当总体 $(X,Y)$ 中的随机变量是连续型的，在对 $X$ 与 $Y$ 的独立性检验时，可像处理连续型随机变量分布函数的假设检验问题一样，对其取值离散化，其假设检验步骤归结为

设来自总体 $(X,Y)$ 的样本为 $(X_i, Y_i)(i=1,2,\cdots,n)$。

(1) 将 $X$ 的取值范围分为 $m$ 个互不相交的子区间，将 $Y$ 的取值范围分为 $k$ 个互不相交的子区间，这样形成 $mk$ 个互不相交的小矩形。

(2) 求出样本落入各小矩形的频数 $n_{ij}(i=1,2,\cdots,m; j=1,2,\cdots,k)$ 以及 $n_{i\cdot}$ $(i=1,2,\cdots,m)$ 和 $n_{\cdot j}(j=1,2,\cdots,k)$。

(3) 选择检验统计量

$$\chi^2 = n \sum_{i=1}^{m} \sum_{j=1}^{k} \frac{\left(n_{ij} - \frac{n_i n_j}{n}\right)^2}{n_i n_j} \sim \chi^2[(m-1)(k-1)]$$

(4) 给出显著性水平 $\alpha$ 下的拒绝域

$$\{\chi^2 > \chi_\alpha^2[(m-1)(k-1)]\}$$

(5) 计算 $\chi^2$ 的样本值，判断是否拒绝 $H_0$。

## 3.4 应用案例

【例3.4.1】假设检验在分析压药密度控制状态上的应用。

1. 分析目的

为了掌握压药工序的控制状态,及时纠正误差,减少不合格品的产生,我们采用假设检验的方法,收集压药工序的密度数据,不定期地进行分析。如发现异常,则及时将信息反馈给工厂,促使工厂及时采取措施,加以调整,从而达到不出不合格品或尽可能少出不合格品的目的。

2. 分析方法

由于压药的密度是一个连续的分布量,且一旦压药设备即工作条件确定后,其密度值服从正态分布。按技术条件规定,药柱密度 $\geqslant 1.695/cm^3$,根据长期压药密度的实际数据统计,(药柱)当密度平均值 $\geqslant 1.698/cm^3$,标准偏差为 0.002 时,才说明工序处于受控状态。因此,我们采用 $\mu$ 单侧检验法进行分析,即

$$H_0:\mu \leqslant \mu_0 \leftrightarrow H_1:\mu > \mu_0$$

3. 数据来源

压药密度数据取自理化室每班次压药密度分析报告。1990 年 7 月理化分析压药密度的数据如下:

① 1.695　② 1.697　③ 1.699　④ 1.701　⑤ 1.694
⑥ 1.698　⑦ 1.696　⑧ 1.695　⑨ 1.696　⑩ 1.697

4. 分析结论

由以上数据可得

$$\bar{x} = 1.6968, \sigma = 0.002$$

$$u = \frac{\bar{x} - \mu_0}{\sigma/\sqrt{n}} = \frac{1.6968 - 1.698}{0.002/\sqrt{10}} = -1.89$$

给定显著性水平 $\alpha = 0.05$,查表 $u_{0.05} = -1.645$,$u = -1.89 < u_{0.05} = -1.645$,接受原假设,说明工序控制不稳定。

## 5. 查找原因

对形成①~⑩数据的设备状态和工作环境追溯检查,发现①⑤⑧是中班压出的,其余是早班压出的。夏天中班气温明显高于早班的气温,此时空调难以将室温降至25℃左右,气温过高是形成药柱密度偏小的主要原因。

## 6. 改进措施

(1) 调整空调设备,保证压药室温;
(2) 高温季节时尽量在早班和晚班压药。

## 7. 效果验证

采用上述两条措施后,1990年8月的压药密度如下:

① 1.697　② 1.696　③ 1.698　④ 1.695　⑤ 1.699
⑥ 1.695　⑦ 1.697　⑧ 1.698　⑨ 1.699　⑩ 1.696

计算得
$$\bar{x} = 1.697, \sigma = 0.002$$

$$u = \frac{\bar{x} - \mu_0}{\sigma/\sqrt{n}} = \frac{1.697 - 1.698}{0.002/\sqrt{10}} = -1.58 > u_{0.05} = -1.645$$

应拒绝原假设,此时工序控制已基本稳定,说明采取的措施有效。

**【软件计算】**

1. SPSS软件:Analyze 菜单→Compare Means →One - Sample T Test.

程序运行界面和主对话框如图 3.4.1 和图 3.4.2 所示。

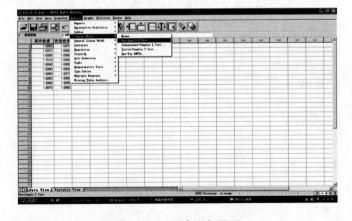

图 3.4.1　程序运行界面

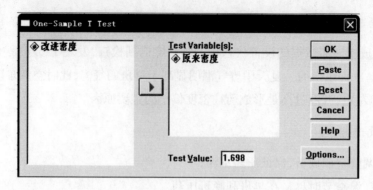

图 3.4.2 主对话框

运行输出结果见表 3.4.1 和表 3.4.2。

表 3.4.1 One – Sample Statistics

| 项目 | N | Mean | Std. Deviation | Std. Error Mean |
|---|---|---|---|---|
| 原来密度 | 10 | 1.696800 | 0.0020976 | 0.0006633 |

表 3.4.2 One – Sample Test

| 项目 | Test Value = 1.698 | | | | | |
|---|---|---|---|---|---|---|
| | t | df | Sig. (2 – tailed) | Mean Difference | 95% Confidence Interval of the Difference | |
| | | | | | Lower | Upper |
| 原来密度 | -1.809 | 9 | 0.104 | -0.001200 | -0.002701 | 0.000301 |

这里,$t = -1.809$,与前面计算的值 $-1.89$ 有些差别,这是因为 SPSS 在计算的时候用样本标准差 $s$ 代替 $\sigma$ 的缘故。$P$ 值(2 – tailed)远大于检验水平 0.05,所以不拒绝 $H_0$,认为工序控制不稳定。

2. MATLAB 软件

工艺改进前程序:

\>\> x = [1.695,1.697,1.699,1.701,1.694,1.698,1.696,1.695,1.696,1.697];

\>\>[h,sig,ci,zval] = ztest(x,1.698,0.002,0.05,-1)

运行界面如图 3.4.3 所示。

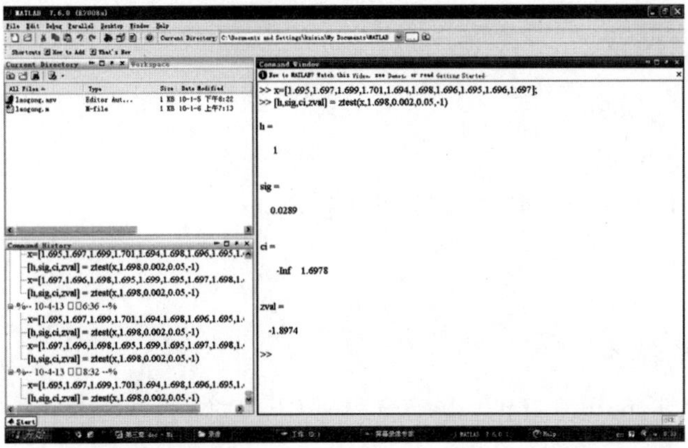

图 3.4.3 运行界面

h = 1

sig = 0.0289

ci = - Inf 1.6978

zval = -1.8974

$h=1$,否定原假设,说明工序控制不稳定。

工艺改进后程序:

&gt;&gt; x = [1.697,1.696,1.698,1.695,1.699,1.695,1.697,1.698,1.699,1.696];

&gt;&gt; [h,sig,ci,zval] = ztest(x,1.698,0.002,0.05,-1)

运行界面如图 3.4.4 所示。

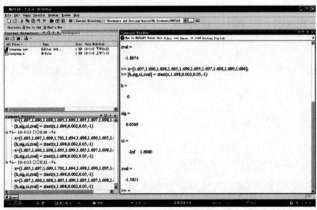

图 3.4.4 运行界面

h = 0

sig = 0.0569

ci = - Inf 1.6980

zval = -1.5811

$h=0$,接受原假设,说明工序控制基本稳定。

3. R 软件

工艺改进前程序:

x < - c(1.695,1.697,1.699,1.701,1.694,1.698,1.696,1.695,1.696,1.697)

t.test(x,y=NULL,alternative="two.sided",mu=1.698,paired=FALSE,conf.level=0.95)

One Sample t - test

data: x

t = -1.8091,df = 9,p - value = 0.1039

alternative hypothesis:true mean is not equal to 1.698

95 percent confidence interval:

1.695299 1.698301

sample estimates:

mean of x

1.6968

工艺改进后程序:

x < - c(1.697,1.696,1.698,1.695,1.699,1.695,1.697,1.698,1.699,1.696)

t.test(x,y=NULL,alternative="two.sided",mu=1.698,paired=FALSE,conf.level=0.95)

One Sample t - test

data: x

t = -2.1213,df = 9,p - value = 0.0629

alternative hypothesis:true mean is not equal to 1.698

95 percent confidence interval:

1.695934 1.698066

sample estimates:

mean of x

1.697

R 软件计算结果表明,工艺改进前和工艺改进后工序控制均不稳定。

4. Python 软件

工艺改进前程序:

```
from math import sqrt
x1 = [1.695,1.697,1.699,1.701,1.694,1.698,1.696,1.695,1.696,1.697]
u0 = 1.698
u = -1.645
xb = 0.002
x = sum(x1)/len(x1)
u1 = (x - u0)/(xb/sqrt(len(x1)))
if u1 < u:
    print("改进前工序控制不稳定!")
else:
    print("改进前工序控制稳定!")
```

运行结果:

改进前工序控制不稳定!

工艺改进后程序:

```
from math import sqrt
x1 = [1.697,1.696,1.698,1.695,1.699,1.695,1.697,1.698,1.699,1.696]
u0 = 1.698
u = -1.645
xb = 0.002
x = sum(x1)/len(x1)
u1 = (x - u0)/(xb/sqrt(len(x1)))
if u1 < u:
    print("改进后工序控制不稳定!")
```

```
else:
    print("改进后工序控制稳定!")
```
运行结果:
改进后工序控制稳定!

# 第4章
# 方差分析

方差分析由英国统计学家费歇尔(R. A. Fisher)于1923年提出,是实验研究中分析实验数据的重要方法,应用十分广泛。方差分析法就是通过对试验获得的数据之间的差异分析推断试验中各个因素所起作用的一种统计方法。方差分析的内容如下:

方差分析 $\begin{cases} \text{单因素方差分析} \\ \text{两因素方差分析} \\ \text{多因素方差分析(利用正交试验设计方法进行)} \end{cases}$

本章主要进行单因素方差分析和两因素方差分析,最后简单介绍正交试验设计。

## 4.1 单因素方差分析

### 4.1.1 基本概念

**1. 指标、因素和水平**

【定义】通常把生产实践和科学试验中的结果,如产品的性能、产量等称为指标。影响指标的条件称为因素,用 $A$、$B$、$C$…表示。因素在试验中所处的不同状态称为水平,因素 $A$ 的不同水平用 $A_1, A_2, A_3, \cdots$ 表示。

**2. 单因素试验和单因素方差分析**

【定义】在一次试验中如果让一个因素的水平变化,其他因素水平保持不变,这样的试验称为单因素试验。处理单因素的统计推断问题称为单因素方差分析。

3. 方差分析的基本思想

【例 4.1.1】有 5 种油菜品种,分别在 4 块试验田上种植,所得亩产量见表 4.1.1。

表 4.1.1 试验田的亩产量

| 品种 | 试验田 | | | |
| --- | --- | --- | --- | --- |
| | 1 | 2 | 3 | 4 |
| $A_1$ | 256 | 222 | 280 | 298 |
| $A_2$ | 244 | 300 | 290 | 275 |
| $A_3$ | 250 | 277 | 230 | 322 |
| $A_4$ | 288 | 280 | 315 | 259 |
| $A_5$ | 206 | 212 | 220 | 212 |

试问:①不同油菜品种对平均亩产量影响是否显著?②哪些品种之间有显著差异,哪些之间无显著差异。

从表 4.1.1 的数据可见,20 个数据是参差不齐的,数据波动的可能原因来自两个方面:一是由于因素的水平不同,即油菜品种不同造成的;二是来自偶然误差,从表 4.1.1 中数据可见,每一品种的 4 个数据显然是相同条件下的试验结果,但仍然存在差异,这是由于试验中存在偶然因素(如环境)引起的。这里我们把由因素的水平变化引起的试验数据波动称为条件误差,把随机因素引起的试验数据波动称为随机误差或试验误差。

方差分析就是把试验数据的总波动分解为两个部分:一部分反映由条件误差引起的波动,另一部分反映由试验误差引起的波动,亦即把数据的总偏差平方和 $S_T$ 分解为反映必然性的各个因素的偏差平方和 $S_A, S_B, \cdots$ 与反映偶然性的偏差平方和 $S_E$,并计算出它们的平均偏差平方和,再将两者进行比较,借助 $F$ 检验法,检验假设 $H_0: \mu_1 = \mu_2 = \cdots$,从而确定因素对试验结果的影响是否显著。

## 4.1.2 单因素方差分析的数字模型

设在一项试验中,因素 $A$ 有 $r$ 个不同水平 $A_1, A_2, \cdots, A_r$,在水平 $A_i (i = 1, 2, \cdots, r)$ 下,进行了 $n_i (n_i \geq 2)$ 次试验,获得了 $n_i$ 个结果 $X_{ij} (j = 1, 2, \cdots, n_i)$,它可以看成是取自总体 $X_i (i = 1, 2, \cdots, r)$ 的一个样本,见表 4.1.2。

表 4.1.2 样本表

| 总体 | 样本 | | | | 样本平均 |
|---|---|---|---|---|---|
| $X_1$ | $X_{11}$ | $X_{12}$ | $\cdots$ | $X_{1n_1}$ | $\overline{X}_1$ |
| $X_2$ | $X_{21}$ | $X_{22}$ | $\cdots$ | $X_{2n_2}$ | $\overline{X}_2$ |
| $\vdots$ | $\vdots$ | $\vdots$ | $\vdots$ | $\vdots$ | $\vdots$ |
| $X_r$ | $X_{r1}$ | $X_{r2}$ | $\cdots$ | $X_{rn_r}$ | $\overline{X}_r$ |

我们假设各个水平 $A_i(i=1,2,\cdots,r)$ 下的样本 $X_{i1},\cdots X_{in_i}$ 来自 $X_i \sim N(\mu_i,\sigma^2)$，$\mu_i,\sigma^2$ 未知，且设不同水平 $A_i$ 下的样本之间相互独立(这里假设所有的正态总体 $X_i(i=1,2,\cdots,r)$ 都有相同的方差 $\sigma^2$，这种性质称为方差的齐性)。记 $\varepsilon_{ij}=X_{ij}-\mu_i$，则 $\varepsilon_{ij} \sim N(0,\sigma^2)$，$\varepsilon_{ij}$ 可以看成一个随机误差。于是单因素的方差分析的数学模型可以表示为

$$\begin{cases} X_{ij}=\mu_i+\varepsilon_{ij} & (各\ \varepsilon_{ij}相互独立) \\ \varepsilon_{ij} \sim N(0,\sigma^2) & (i=1,2\cdots,r;j=1,2,\cdots n_i) \end{cases} \quad (4.1)$$

记 $\mu = \dfrac{1}{n}\sum_{i=1}^{r} n_i\mu_i$，其中 $n = \sum_{i=1}^{r} n_i$，称 $\alpha_i = \mu_i - \mu$ 为因素 $A$ 的第 $i$ 水平效应 $(i=1,2,\cdots,r)$。

我们的任务是检验上述式(4.1)中同方差的 $r$ 个正态总体的均值是否相等，即检验假设

$$H_0:\mu_1=\mu_2=\cdots=\mu_r \leftrightarrow H_1:\mu_1,\mu_2,\cdots,\mu_r\ 中至少有两个不相等 \quad (4.2)$$

或

$$H_0:\alpha_1=\alpha_2=\cdots=\alpha_r=0 \leftrightarrow H_1:至少有一个\ \alpha_i \neq 0(i=1,2,\cdots,r)。 \quad (4.3)$$

如果接受 $H_0$，说明因素 $A$ 对指标没有显著影响，如果拒绝 $H_0$，说明因素 $A$ 对指标有显著影响。

### 4.1.3 偏差平方和分解与显著性检验

**1. 偏差平方和分解**

$$记\ \overline{X}_i = \dfrac{1}{n_i}\sum_{j=1}^{n_i} X_{ij} \quad (i=1,2,\cdots,r) \quad (4.4)$$

$$\overline{X} = \frac{1}{n} \sum_{i=1}^{r} \sum_{j=1}^{n_i} X_{ij} \quad (4.5)$$

其中 $n = \sum_{i=1}^{r} n_i$，$\overline{X}_i$ 是从第 $i$ 个总体中抽得的样本均值，称为组内平均，而 $\overline{X}$ 称为总平均，$n$ 是从 $r$ 个总体抽得的样本总容量。

从以上两式可得

$$\sum_{i=1}^{r} \sum_{j=1}^{n_i} (X_{ij} - \overline{X}_i)(\overline{X}_i - \overline{X}) = 0$$

由此得到总偏差平方和为

$$\begin{aligned} S_T &= \sum_{i=1}^{r} \sum_{j=1}^{n_i} (X_{ij} - \overline{X})^2 = \sum_{i=1}^{r} \sum_{j=1}^{n_i} [(X_{ij} - \overline{X}_i) + (\overline{X}_i - \overline{X})]^2 \\ &= \sum_{i=1}^{r} \sum_{j=1}^{n_i} (X_{ij} - \overline{X}_i)^2 + 2 \sum_{i=1}^{r} \sum_{j=1}^{n_i} (X_{ij} - \overline{X}_i)(\overline{X}_i - \overline{X}) + \sum_{i=1}^{r} \sum_{j=1}^{n_i} (\overline{X}_i - \overline{X})^2 \\ &= \sum_{i=1}^{r} \sum_{j=1}^{n_i} (X_{ij} - \overline{X}_i)^2 + \sum_{i=1}^{r} n_i (\overline{X}_i - \overline{X})^2 \end{aligned}$$

令

$$S_E = \sum_{i=1}^{r} \sum_{j=1}^{n_i} (X_{ij} - \overline{X}_i)^2 \quad (4.6)$$

$$S_A = \sum_{i=1}^{r} n_i (\overline{X}_i - \overline{X})^2 \quad (4.7)$$

则 $S_T = S_E + S_A$，这就是总偏差平方和分解公式。分别称 $S_E$ 和 $S_A$ 为组内偏差平方和与组间偏差平方和。$S_E$ 反映试验误差引起的数据波动，$S_A$ 反映因素水平的改变引起的数据波动。

**2. $H_0$ 的显著性检验**

构造检验 $H_0$ 的统计量，可以证明

$$\frac{S_E}{\sigma^2} \sim \chi^2(n-r) \quad (4.8)$$

$$\frac{S_A}{\sigma^2} \sim \chi^2(r-1) \quad (4.9)$$

且 $\frac{S_E}{\sigma^2}$ 与 $\frac{S_A}{\sigma^2}$ 相互独立。由 $F$ 分布的定义可知

$$F = \frac{S_A/(r-1)}{S_E/(n-r)} \sim F(r-1, n-r) \quad (4.10)$$

因素水平的改变对指标的影响越大，$F$ 的值就越大。因此，对于给定的显著性水平 $\alpha$，$H_0$ 的拒绝域为 $F = \dfrac{S_A/(r-1)}{S_E/(n-r)} \geqslant F_\alpha(r-1, n-r)$。

拒绝 $H_0$，认为在显著性水平 $\alpha$ 下因素的不同水平对试验结果有显著影响；接受 $H_0$，认为在显著性水平 $\alpha$ 下因素的不同水平对试验结果无显著影响。

将以上分析列成方差分析表，见表 4.1.3。

表 4.1.3 方差分析表

| 方差来源 | 偏差平方和 | 自由度 | 平均偏差平方和 | $F$ 值 | 显著性 |
|---|---|---|---|---|---|
| 组间 | $S_A = \sum_{i=1}^{r} n_i (\overline{X}_i - \overline{X})^2$ | $r-1$ | $\overline{S}_A = \dfrac{S_A}{r-1}$ | $F = \dfrac{\overline{S}_A}{\overline{S}_E}$ | |
| 组内 | $S_E = \sum_{i=1}^{r}\sum_{j=1}^{n_i} (X_{ij} - \overline{X}_i)^2$ | $n-r$ | $\overline{S}_E = \dfrac{S_E}{n-r}$ | | |
| 总和 | $S_T = \sum_{i=1}^{r}\sum_{j=1}^{n_i} (X_{ij} - \overline{X})^2$ | $n-1$ | | | |

注：当 $\alpha = 0.05$ 时，若检验显著，打一个"*"号；

　　当 $\alpha = 0.01$ 时，若检验显著，打两个"**"号。

例 4.1.1 计算 $F$ 值时常采用下面的公式：

$$Q = \sum_{i=1}^{r} \dfrac{1}{n_i} \left( \sum_{j=1}^{n_i} X_{ij} \right)^2, \quad P = \dfrac{1}{n} \left( \sum_{i=1}^{r} \sum_{j=1}^{n_i} X_{ij} \right)^2, \quad R = \sum_{i=1}^{r} \sum_{j=1}^{n_i} X_{ij}^2，可以证明：$$

$$S_A = Q - P, \quad S_E = R - Q, \quad S_T = R - P$$

【例 4.1.2】用 SPSS 求解。

将表 4.1.1 中的数据按图 4.1.1 的方式输入 SPSS 的 Data View 窗口（见图 4.1.1），然后执行 Analyze – Compare Means – One – Ways ANOVA 命令即可，运行结果如下。

ANOVA

MUCHANLI

| | Sum of Squares | df | Mean Square | $F$ | Sig. |
|---|---|---|---|---|---|
| Between Groups | 13195.700 | 4 | 3298.925 | 4.306 | 0.016 |
| Within Groups | 11491.500 | 15 | 766.100 | | |
| Total | 24687.200 | 19 | | | |

对于 $\alpha = 0.05, F_{0.05}(4,5) = 3.06, F = 4.306 > 3.06 = F_{0.05}(4,5)$，所以因素 $A$ 影响显著，即不同品种对平均亩产量有显著影响。

| 序号 | level | muchanli |
|---|---|---|
| 1 | 1 | 256.00 |
| 2 | 1 | 222.00 |
| 3 | 1 | 280.00 |
| 4 | 1 | 298.00 |
| 5 | 2 | 244.00 |
| 6 | 2 | 300.00 |
| 7 | 2 | 290.00 |
| 8 | 2 | 275.00 |
| 9 | 3 | 250.00 |
| 10 | 3 | 277.00 |
| 11 | 3 | 230.00 |
| 12 | 3 | 322.00 |
| 13 | 4 | 288.00 |
| 14 | 4 | 280.00 |
| 15 | 4 | 315.00 |
| 16 | 4 | 259.00 |
| 17 | 5 | 206.00 |
| 18 | 5 | 212.00 |
| 19 | 5 | 220.00 |
| 20 | 5 | 212.00 |

图 4.1.1　SPSS – Data View 窗口中数据

## 4.1.4　参数估计与多重比较

**1. 参数估计**

若用 $\hat{\alpha}_i, \hat{\mu}_i, \hat{\mu}, \hat{\sigma}^2$ 分别表示 $\alpha_i, \mu_i, \mu, \sigma^2$ 的估计，则

$$\begin{cases} \hat{\alpha}_i = \overline{X}_i - \overline{X} & (i = 1, 2, \cdots, r) \\ \hat{\mu}_i = \overline{X}_i & (i = 1, 2, \cdots, r) \\ \hat{\mu} = \overline{X} \\ \hat{\sigma}^2 = S_E/(n-r) = \overline{S}_E \end{cases}$$

可以证明上述估计都是无偏估计。

在单因素方差分析中，如果检验结果为 $H_0$ 不成立，有时需要对 $\mu_i - \mu_k$ 做区间估计，为此可以用 $\overline{X}_i - \overline{X}_k$ 作为 $\mu_i - \mu_k$ 的点估计。

构造统计量：

$$T = \frac{\overline{X}_i - \overline{X}_k - (\mu_i - \mu_j)}{\sqrt{S_E\left(\frac{1}{n_i} + \frac{1}{n_k}\right)}} \sim t(n-r)$$

给定显著性水平 $\alpha$，查 $t$ 分布表可得 $t_{\alpha/2}(n-r)$，使得

$$P\{|T| < t_{\alpha/2}(n-r)\} = 1 - \alpha$$

故 $\mu_i - \mu_k$ 的置信水平为 $1-\alpha$ 的置信区间为

$$\left(\overline{X}_i - \overline{X}_k \pm t_{\alpha/2}(n-r)\sqrt{S_E\left(\frac{1}{n_i} + \frac{1}{n_k}\right)}\right)$$

2. 多重比较

当因素的影响显著时，有时还希望进一步了解哪些水平之间的差异是显著的，哪些是不显著的，这样要比较多个水平之间差异是否显著的问题，称为"多重比较"问题。通过多重比较，可以帮助我们选择最优生产条件。下面介绍"多重比较"的各种方法。

1）最小显著差数法

该法实质上是 $t$ 检验法（least significant different，LSD）。

$$H_0:\mu_i = \mu_j \leftrightarrow H_1:\mu_i \neq \mu_j \quad (i,j=1,\cdots,r)$$

现假设为等重复单因素方差分析：$n_1 = \cdots n_r = m, n = rm$

$$\overline{X}_i - \overline{X}_j \sim N\left(\mu_i - \mu_j, \frac{2\sigma^2}{m}\right)$$

构造统计量，当 $H_0$ 成立时，有

$$T = \frac{\overline{X}_i - \overline{X}_j}{\sqrt{\frac{2}{m}\overline{S}_E}} = \frac{\overline{X}_i - \overline{X}_j}{\sqrt{\frac{2}{m} \cdot \frac{S_E}{n-r}}} = \frac{\overline{X}_i - \overline{X}_j}{\sqrt{2S_E/rm(m-1)}} \sim t(r(m-1)) \quad (4.11)$$

$$P\{|T| \geq t_{\alpha/2}(r(m-1))\} = \alpha$$

$$P\{|\overline{X}_i - \overline{X}_j| \geq t_{\alpha/2}(r(m-1)) \cdot \sqrt{2S_E/rm(m-1)}\} = \alpha$$

$\text{LSD}_\alpha = t_{\alpha/2}(r(m-1)) \cdot \sqrt{2S_E/rm(m-1)}$ 称为最小显著差数。

利用 LSD 法进行具体比较时，可按如下步骤进行。

（1）列出平均数的多重比较表，比较表中各处理按其平均数从大到小至上而下排列；

（2）计算最小显著差数 $\text{LSD}_{0.05}$ 和 $\text{LSD}_{0.01}$；

(3)将平均数多重比较表中两两平均数的差数与 $LSD_{0.05}$ 和 $LSD_{0.01}$ 比较,做出统计推断。

优点:解决了 $t$ 检验法检验过程繁琐,无统一的试验误差且估计误差的精确性低这两个问题。

缺点:仍有推断的可靠性低,犯错误的概率增大的问题。

2) Bonferroni 法

Bonferroni 法是由 Bonferroni 提出的一种 $t$ 检验法,该法通过修正每次比较的检验标准,控制 I 类错误的发生概率,是两两比较中常用的方法之一。

我们可能会想到用两样本 $t$ 检验法来解决这个问题,即在这些水平之间两两作 $t$ 检验,但这样做犯 I 类错误的概率将明显变大,即容易将没有显著差异的水平判断为有显著差异。

当有 $r$ 个均值需作两两比较时,比较的次数为

$$N = C_r^2 = \frac{r(r-1)}{2}$$

假设一个假设 $H$ 由 $N$ 个子假设 $H_i(i=1,\cdots,N)$ 复合而成,接受 $H$ 就意味着接受所有 $H_i$,拒绝 $H$ 就意味着至少存在一个 $H_i$ 要被拒绝。若设每次检验的显著性水平为 $\alpha$,累计的显著性水平为 $\alpha'$,则在同一试验中进行 $N$ 次检验时,在样本相互独立的条件下,根据概率乘法原理,有

$$P\{拒绝 H\} = P\{\cup (拒绝 H_i)\} \to 至少拒绝一个 H_i$$
$$= 1 - P\{\cap (接受 H_i)\}$$
$$= 1 - \prod \sum P\{接受 H_i\} = 1 - (1-\alpha)^N$$

例如,设 $\alpha = 0.05, N = 3$,则累积 I 类错误的概率为:

$$\alpha' = 1 - (1-0.05)^3 = 1 - 0.95^3 = 0.143$$

然而,如何解决多重比较的问题呢? 一种方法是把显著性水平减小,即控制导致 I 类错误的概率增大,下面介绍一种方法 Bonferroni 法。

如果原来显著性水平为 $\alpha$,共作 $N$ 个比较,则把显著性水平改为 $\frac{\alpha}{N} = \alpha'$, $\alpha'$ 为累积 I 类错误的概率。

检验统计量:

$$t = \frac{\overline{X}_i - \overline{X}_j}{\sqrt{\left(\frac{1}{n_i} + \frac{1}{n_j}\right)\frac{S_E}{n-r}}} \sim t(n-r) \tag{4.12}$$

$$P\{|t| \geq t_{\frac{\alpha}{2}}\} = \alpha = \frac{\alpha'}{N}$$

Bonferroni 法的适用性:当比较次数不多时,Bonferroni 法的效果较好;当比较次数较多时,则由于其检验水准选择得过低,结论偏于保守。

3)最小显著极差法(least significant rang)

最小显著极差法简称 LSR 法,其特点是把平均数差数看成是平均数的极差,根据极差范围内所包含的处理数(称为秩次距)$k$ 的不同而采用不同的检验尺度称为最小显著极差(LSR)。

例如,有 10 个 $\bar{X}$ 要相互比较,先将 10 个 $\bar{X}$ 依其数值大小顺次序为 $\bar{X}_{10} \geq \bar{X}_9 \geq \bar{X}_8 \geq \cdots \geq \bar{X}_{10}$。

(1)两极端平均数的差数(极差)$\bar{X}_{10} - \bar{X}_1$ 的显著性由其差数是否大于秩次距 $k = 10$ 时的最小显著极差($\text{LSR}_\alpha, 10$)决定。

(2)而后是秩次距 $k = 9$ 的平均数的极差的显著性($\text{LSR}_\alpha, 9$):

$$\begin{cases} \bar{X}_{10} - \bar{X}_2 \\ \bar{X}_9 - \bar{X}_1 \\ \cdots\cdots \end{cases}$$

(3)任何两个相邻平均数的极差的显著性($\text{LSR}_\alpha, 9$)。

(4)$k$ 个平均数相互比较,就有 $k-1$ 种秩次距($k, k-1, \cdots, 2$)需求 $k-1$ 个最小显著极差($\text{LSR}_\alpha, k$)。

LSR 法克服了 LSD 法的不足部分,但检验的工作量有所增加,常用 LSR 法有 $q$ 检验法和新复极差法两种。

(1)$q$ 检验法($q$-test)(S-N-K 法)由 Tukeys 提出(student-newman-keuls)。

要检验的假设为

$$H_0: \mu_i = \mu_j \leftrightarrow H_1: \mu_i \neq \mu_j (i, j = 1, \cdots, r)$$

选用统计量:

$$Q = \frac{\bar{X}_i - \bar{X}_j}{\sqrt{S_E/m(n-r)}} \sim q(k, n-r) \tag{4.13}$$

$k$ 为秩次距。

对于给定的 $\alpha$,有

$P\{Q \geq q_\alpha(k, n-r)\} = \alpha$,$q_\alpha(k, n-r)$ 查表(本书略)(参见文献[2])

$$\mathrm{LSR}_\alpha = q_\alpha(k, n-r) \cdot \sqrt{S_E/m(n-r)} \to \overline{X}_i - \overline{X}_j \text{ 的最小显著极差为}$$

$$\begin{cases} q_{0.05}(2,12) = 3.08 \\ q_{0.05}(3,12) = 3.77 \\ q_{0.05}(4,12) = 4.20 \end{cases}$$

(2)新复极差法(Duncan 法,new multiple range)。

与 $q$ 检验法的检验步骤相同,唯一不同的是计算最小显著极差时需查 SSR 表,最小显著极差计算公式为

$$\mathrm{LSR}_{(\alpha,k)} = \mathrm{SSR}_\alpha(k, n-r) \cdot \sqrt{S_E/m(n-r)} \tag{4.14}$$

注:所得的最小显著极差值在秩次距 $k > 2$ 时比 $q$ 检验时小,当各处理重复不变时,为简便起见,不论 LSD 法还是 LSR 法,可用下式计算出一个各处理平均的重复数 $m$:

$$m = \frac{1}{r-1}\left( \sum n_i - \frac{\sum n_i^2}{\sum n_i} \right)$$

尺度关系:

$$\text{LSD 法} \leqslant \text{新复极差法} \leqslant q \text{ 检验法}$$

4) Scheffe 法

对比:设有一组数 $x_1, x_2, \cdots, x_n$,它的线性组合为

$$L = \sum_{i=1}^n c_i x_i \tag{4.15}$$

式中,系数 $c_i$ 不全为 0,且 $\sum_{i=1}^n c_i = 0$,则称 $L$ 是一个"对比",例如:

$$L = \frac{1}{4}(\mu_1 + \mu_2 + \mu_3 + \mu_4) - \mu_5$$

因素 $A$ 有 $r$ 个水平 $A_1, A_2, \cdots, A_r$,在水平 $A_i$ 下的试验次数分别为 $n_1, n_2, \cdots, n_r$;$c_1, c_2, \cdots, c_r$ 为常数,且满足 $\sum_{i=1}^n c_i = 0$。令 $L = \sum_{i=1}^n c_i \mu_i$,

取 $L$ 的估计为 $\hat{L} = \sum_{i=1}^n c_i \overline{X}_i$,则

$$|\hat{L}| > d_s = \sqrt{(r-1)F_\alpha(r-1, n-r)\frac{S_E}{n-r}\sum_{i=1}^r \frac{c_i^2}{n_i}} \tag{4.16}$$

例 4.1.1 的第两个问题留给读者完成。

## 4.2 两因素方差分析(非重复试验)

本节介绍两因素非重复试验的方差分析。

$$\text{方差分析}\begin{cases}\text{单因素方差分析}\\ \text{两因素方差分析}\begin{cases}\text{非重复试验}\\ \text{重复试验}\end{cases}\end{cases}$$

### 4.2.1 数学模型

**1. 两个因素非重复试验**

【定义】设有两个因素 $A,B$,因素 $A$ 有 $r$ 个不同的水平 $A_1,A_2,\cdots,A_r$;因素 $B$ 有 $s$ 个不同水平:$B_1,B_2,\cdots,B_s$,在 $A$、$B$ 的每一种组合水平 $(A_i,A_j)$ 下做一次试验,试验结果为 $X_{ij}(i=1,2,\cdots,r;j=1,2,\cdots,s)$,所有 $X_{ij}$ 相互独立,这样共得到 $rs$ 个试验结果,见表 4.2.1。

表 4.2.1 试验结果

| 因素 $A$ | 因素 $B$ | | | | |
|---|---|---|---|---|---|
| | $B_1$ | $B_2$ | $\vdots$ | $B_s$ | $\overline{X}_{i\cdot}$ |
| $A_1$ | $X_{11}$ | $X_{12}$ | | $X_{1s}$ | $\overline{X}_{1\cdot}$ |
| $A_2$ | $X_{21}$ | $X_{22}$ | | $X_{2s}$ | $\overline{X}_{2\cdot}$ |
| $\vdots$ | $\vdots$ | $\vdots$ | $\vdots$ | $\vdots$ | $\vdots$ |
| $A_r$ | $X_{r1}$ | $X_{r2}$ | | $X_{rs}$ | $\overline{X}_{r\cdot}$ |
| $\overline{X}_{\cdot j}$ | $\overline{X}_{\cdot 1}$ | $\overline{X}_{\cdot 2}$ | $\vdots$ | $\overline{X}_{\cdot s}$ | $\overline{X}$ |

这种对每个组合水平 $(A_i,B_j)(i=1,2,\cdots,r;j=1,2,\cdots,s)$ 各做一次试验的情形称为两因素非重复试验。

**2. 数学模型**

假设总体 $X_{ij} \sim N(\mu_{ij},\sigma^2)$,其中

$$\mu_{ij}=\mu+\alpha_i+\beta_j(i=1,2,\cdots,r;j=1,2,\cdots,s) \tag{4.17}$$

而 $\sum_{i=1}^{r} \alpha_i = 0$，$\sum_{j=1}^{s} \beta_j = 0$，于是 $X_{ij}$ 可表示为

$$\begin{cases} X_{ij} = \mu + \alpha_i + \beta_j + \varepsilon_{ij} \\ \varepsilon_{ij} \sim N(0, \sigma^2)(i=1,2,\cdots,r;j=1,2,\cdots,s, 相互独立) \end{cases} \quad (4.18)$$

式中：$\alpha_i$ 称为因素 $A$ 在水平 $A_i$ 引起的效应，它表示水平 $A_i$ 在总体平均数上引起的偏差；$\beta_j$ 称为因素 $B$ 在水平 $B_j$ 引起的效应，它表示水平 $B_j$ 在总体平均数上引起的偏差。

结论：(1)要推断因素 $A$ 的影响是否显著，就等价于要检验假设：

$H_{01}: \alpha_1 = \alpha_2 = \cdots = \alpha_r = 0 \leftrightarrow H_{11}$：至少有一个 $\alpha_i \neq 0 (i=1,2,\cdots,r)$。

(2)要推断因素 $B$ 的影响是否显著，就等价于要检验假设：

$H_{02}: \beta_1 = \beta_2 = \cdots = \beta_s = 0 \leftrightarrow H_{12}$：至少有一个 $\beta_j \neq 0 (i=1,2,\cdots,s)$

当 $H_{01}$ 成立时，均值 $\mu_{ij}$ 与 $\alpha_i$ 无关，这表明因素 $A$ 对试验结果无显著影响；

当 $H_{02}$ 成立时，均值 $\mu_{ij}$ 与 $\beta_j$ 无关，这表明因素 $B$ 对试验结果无显著影响。

### 4.2.2 偏差平方和分解与显著性检验

**1. 偏差平方和分解**

为了导出检验假设 $H_{01}$ 和 $H_{02}$ 的统计量的方法与单因素方差分析相类似，可采用偏差平方和分解的方法。

记

$$\overline{X}_{i\cdot} = \frac{1}{s} \sum_{j=1}^{s} X_{ij} \quad (i=1,2,\cdots,r)$$

$$\overline{X}_{\cdot j} = \frac{1}{r} \sum_{i=1}^{r} X_{ij} \quad (j=1,2,\cdots,s)$$

$$\overline{X} = \frac{1}{rs} \sum_{i=1}^{r} \sum_{j=1}^{s} X_{ij} = \frac{1}{r} \sum_{i=1}^{r} \overline{X}_{i\cdot} = \frac{1}{s} \sum_{j=1}^{s} \overline{X}_{\cdot j}$$

于是总偏差平方和为

$$S_T = \sum_{i=1}^{r} \sum_{j=1}^{s} (X_{ij} - \overline{X})^2 = S_A + S_B + S_E$$

其中

$$S_A = s \sum_{i=1}^{r} (\overline{X}_{i\cdot} - X)^2 \quad (因素 A 引起的偏差平方和)$$

$$S_B = r\sum_{j=1}^{s}(\overline{X}_{\cdot j} - X)^2 \quad \text{(因素 } B \text{ 引起的偏差平方和)}$$

$$S_E = \sum_{i=1}^{r}\sum_{j=1}^{s}(X_{ij} - \overline{X}_{i\cdot} - \overline{X}_{\cdot j} + \overline{X})^2 \quad \text{(随机误差平方和)}$$

2. 显著性检验

统计量：

$$F_A = \frac{S_A/(r-1)}{S_E/(r-1)(s-1)} = \frac{\overline{S}_A}{\overline{S}_E} \sim F(r-1,(r-1)(s-1)) \tag{4.19}$$

$$F_B = \frac{S_B/(s-1)}{S_E/(r-1)(s-1)} = \frac{\overline{S}_B}{\overline{S}_E} \sim F(s-1,(r-1)(s-1)) \tag{4.20}$$

为了检验假设 $H_{01}$，给定显著性水平 $\alpha$，查 $F$ 分布表可得 $F_\alpha(r-1,(r-1)(s-1))$ 的值，使得

$$P\{F_A \geq F_\alpha(r-1,(r-1)(s-1))\} = \alpha$$

根据一次抽样后的样本值算得 $F_A$，若 $F_A \geq F_\alpha(r-1,(r-1)(s-1))$ 拒绝 $H_{01}$，认为因素 $A$ 对试验结果有显著影响；$F_A < F_\alpha(r-1,(r-1)(s-1))$ 接受 $H_{01}$，认为因素 $A$ 对试验结果无显著影响。

同理，为了检验假设 $H_{02}$，给定显著性水平 $\alpha$，查 $F$ 分布表可得 $F_\alpha(s-1,(r-1)(s-1))$ 的值，使得

$$P\{F_B \geq F_\alpha(s-1,(r-1)(s-1))\} = \alpha$$

根据一次抽样后的样本值算得 $F_B$，若 $F_B \geq F_\alpha(s-1,(r-1)(s-1))$ 拒绝 $H_{02}$，认为因素 $B$ 对试验结果有显著影响；$F_B < F_\alpha(s-1,(r-1)(s-1))$ 接受 $H_{02}$，认为因素 $B$ 对试验结果无显著影响。

将整个分析过程列为两因素方差分析表，见表 4.2.2。

### 4.2.3 多重比较

1. 对因素 $A$ 的各水平作多重比较

$$d_{ij} = |\overline{X}_{i\cdot} - \overline{X}_{j\cdot}| \quad (i = 1,2,\cdots,r; j = 1,2,\cdots,r) \tag{4.21}$$

式中：$d_T = q_\alpha(r,f_E)\sqrt{\overline{S}_E/s}$，$\overline{S}_E = S_E/f_E$，$f_E$ 为 $S_E$ 的自由度，$\alpha$ 为显著性水平。

若 $d_{ij} > d_T$，则在显著性水平 $\alpha$ 下，认为因素 $A$ 的第 $i$ 个水平 $A_i$ 与第 $j$ 个水平 $A_j$

对试验结果的影响有显著差异;$d_{ij} < d_T$,则认为它们对试验结果的影响无显著差异。

表 4.2.2 两因素方差分析表

| 方差来源 | 偏差平方和 | 自由度 | 平均偏差平方和 | F 值 | 显著性 |
|---|---|---|---|---|---|
| 因素 A | $S_A = s\sum_{i=1}^{r}(\overline{X}_{i\cdot} - \overline{X})^2$ | $r-1$ | $\overline{S}_A = \dfrac{S_A}{r-1}$ | $F_A = \dfrac{\overline{S}_A}{\overline{S}_E}$ | |
| 因素 B | $S_B = r\sum_{j=1}^{s}(\overline{X}_{\cdot j} - \overline{X})^2$ | $s-1$ | $\overline{S}_B = \dfrac{S_B}{s-1}$ | $F_B = \dfrac{\overline{S}_B}{\overline{S}_E}$ | |
| 误差 | $S_E = \sum_{i=1}^{r}\sum_{j=1}^{s}(X_{ij} - \overline{X}_{i\cdot} - \overline{X}_{\cdot j} + \overline{X})^2$ | $(r-1)(s-1)$ | $\overline{S}_E = \dfrac{S_E}{(r-1)(s-1)}$ | | |
| 总和 | $S_T = \sum_{i=1}^{r}\sum_{j=1}^{s}(X_{ij} - \overline{X})^2$ | $rs-1$ | | | |

2. 因素 B 的各水平作多重比较

$$d_{ij} = |\overline{X}_{\cdot i} - \overline{X}_{\cdot j}| \quad (i=1,2,\cdots,s; j=1,2,\cdots,s) \tag{4.22}$$

$$d_T = q_\alpha(s, f_E)\sqrt{S_E/r}$$

当 $d_{ij} > d_T$ 时,则在显著性水平 $\alpha$ 下,认为因素 B 的第 $i$ 个水平 $B_i$ 与第 $j$ 个水平 $B_j$ 对试验结果的影响有显著差异;

当 $d_{ij} < d_T$,则认为它们对试验结果的影响无显著差异。

## 4.3 两因素方差分析(重复试验)

### 4.3.1 数学模型

1. 两因素重复试验

4.2 节我们只对 $A$、$B$ 两个因素的每一种组合水平进行了一次试验,所以不能分析 $A$、$B$ 两个因素间是否存在交互作用的影响。下面讨论在每一种组合水平 $(A_i, B_j)$ 下等重复试验情形的方差分析问题。

设有两个因素 $A$ 和 $B$,因素 $A$ 有 $r$ 个不同水平 $A_1, A_2, \cdots, A_r$,因素 $B$ 有 $s$ 个不同

水平 $B_1, B_2, \cdots, B_s$，在每一种组合水平 $(A_i, B_j)$ 下重复试验 $t$ 次测得试验数据为
$$X_{ijk}(i=1,2,\cdots,r;j=1,2,\cdots,s;k=1,2,\cdots,t)$$
将试验数据列成表，见表 4.3.1。

表 4.3.1 试验数据

| 因素 A | 因素 B | | | | |
|---|---|---|---|---|---|
| | $B_1$ | $B_2$ | $\vdots$ | $B_s$ | $\overline{X}_{i..}$ |
| $A_1$ | $X_{111},\cdots,X_{11t}$ | $X_{121},\cdots,X_{12t}$ | $\vdots$ | $X_{1s1},\cdots,X_{1st}$ | $\overline{X}_{1..}$ |
| $A_2$ | $X_{211},\cdots,X_{21t}$ | $X_{221},\cdots,X_{22t}$ | $\vdots$ | $X_{2s1},\cdots,X_{2st}$ | $\overline{X}_{2..}$ |
| $\vdots$ | $\vdots$ | $\vdots$ | $\vdots$ | $\vdots$ | $\vdots$ |
| $A_r$ | $X_{r11},\cdots,X_{r1t}$ | $X_{r21},\cdots,X_{r2t}$ | $\vdots$ | $X_{rs1},\cdots,X_{rst}$ | $\overline{X}_{r..}$ |
| $\overline{X}_{.j.}$ | $\overline{X}_{.1.}$ | $\overline{X}_{.2.}$ | | $\overline{X}_{.s.}$ | $\overline{X}$ |

**2. 数学模型**

假设 $X_{ijk} \sim N(\mu_{ij}, \sigma^2)$, $(i=1,2,\cdots,r;j=1,2,\cdots,s;t=1,2,\cdots,t)$，且所有 $X_{ijk}$ 相互独立，$\mu_{ij}$ 可以表示为
$$\mu_{ij} = \mu + \alpha_i + \beta_j + \delta_{ij}, (i=1,2,\cdots,r;j=1,2,\cdots,s)$$
其中
$$\mu = \frac{1}{rs}\sum_{i=1}^{r}\sum_{j=1}^{s}\mu_{ij}, \alpha_i = \frac{1}{s}\sum_{j=1}^{s}(\mu_{ij}-\mu), \beta_j = \frac{1}{r}\sum_{i=1}^{r}(\mu_{ij}-\mu), \delta_{ij} = (\mu_{ij}-\mu-\alpha_i-\beta_j)$$，且 $\sum_{i=1}^{r}\alpha_i = 0, \sum_{j=1}^{s}\beta_j = 0, \sum_{i=1}^{r}\delta_{ij} = 0, \sum_{j=1}^{s}\delta_{ij} = 0 (i=1,2,\cdots,r;j=1,2,\cdots,s)$。

从而得两因素等重复试验方差分析的数学模型为
$$X_{ijk} = \mu + \alpha_i + \beta_j + \delta_{ij} + \varepsilon_{ijk}, \varepsilon_{ijk} \sim N(0, \sigma^2) \tag{4.23}$$
$$(i=1,2,\cdots,r;j=1,2,\cdots,s;k=1,2,\cdots,t)$$

式中：$\varepsilon_{ijk}$ 相互独立，$\alpha_i$ 称为因素 $A$ 在水平 $A_i$ 的效应，$\beta_j$ 称为因素 $B$ 在水平 $B_j$ 的效应，$\delta_{ij}$ 称为因素 $A,B$ 在组合水平 $(A_i, B_j)$ 的交互作用效应。

因此，要判断因素 $A, B$ 以及 $A$ 与 $B$ 交互作用 $A \times B$ 的影响是否显著，分别等价于检验假设：

$H_{01}: \alpha_1 = \alpha_2 = \cdots = \alpha_r = 0 \leftrightarrow H_{11}: \alpha_1, \alpha_2, \cdots, \alpha_r$ 中至少有一个不为 0；

$H_{02}: \beta_1 = \beta_2 = \cdots = \beta_s = 0 \leftrightarrow H_{12}: \beta_1, \beta_2, \cdots, \beta_s$ 中至少有一个不为 0；

$H_{03}: \delta_{ij} = 0 (i=1,2,\cdots,r;j=1,2,\cdots,s) \leftrightarrow H_{13}: \delta_{11}, \cdots, \delta_{rs}$ 中至少有一个不为 0。

### 4.3.2 偏差平方和分解和显著性检验

1. 偏差平方和分解

令

$$\overline{X} = \frac{1}{rst}\sum_{i=1}^{r}\sum_{j=1}^{s}\sum_{k=1}^{t}X_{ijk}, \overline{X}_{ij\cdot} = \frac{1}{t}\sum_{k=1}^{t}X_{ijk}, X_{i\cdot\cdot} = \frac{1}{st}\sum_{j=1}^{s}\sum_{k=1}^{t}X_{ijk}X_{\cdot j\cdot} = \frac{1}{rt}\sum_{i=1}^{r}\sum_{k=1}^{t}X_{ijk}$$

有

$$S_T = S_A + S_B + S_{A\times B} + S_E \tag{4.24}$$

其中

$$S_A = \sum_{i=1}^{r}\sum_{j=1}^{s}\sum_{k=1}^{t}(\overline{X}_{i\cdot\cdot} - \overline{X})^2 = st\sum_{i=1}^{r}(\overline{X}_{i\cdot\cdot} - \overline{X})^2$$

$$S_B = \sum_{i=1}^{r}\sum_{j=1}^{s}\sum_{k=1}^{t}(\overline{X}_{\cdot j\cdot} - \overline{X})^2 = rt\sum_{j=1}^{s}(\overline{X}_{\cdot j\cdot} - \overline{X})^2$$

$$S_{A\times B} = \sum_{i=1}^{r}\sum_{j=1}^{s}\sum_{k=1}^{t}(\overline{X}_{ij\cdot} - \overline{X}_{i\cdot\cdot} - \overline{X}_{\cdot j\cdot} + \overline{X})^2 = t\sum_{i=1}^{r}\sum_{j=1}^{s}(\overline{X}_{ij\cdot} - \overline{X}_{i\cdot\cdot} - \overline{X}_{\cdot j\cdot} + \overline{X})^2$$

$$S_E = \sum_{i=1}^{r}\sum_{j=1}^{s}\sum_{k=1}^{t}(X_{ijk} - \overline{X}_{ij\cdot})^2$$

$S_A$ 为因素 $A$ 引起的偏差平方和,$S_B$ 为因素 $B$ 引起的偏差平方和,$S_{A\times B}$ 为因素 $A$ 与 $B$ 的交互作用 $A\times B$ 引起的偏差平方和,称 $S_E$ 为误差平方和。

2. 显著性检验

检验统计量如下:

$$F_A = \frac{S_A/(r-1)}{S_E/rs(t-1)} \sim F(r-1, rs(t-1))$$

$$F_B = \frac{S_B/(s-1)}{S_E/rs(t-1)} \sim F(s-1, rs(t-1))$$

$$F_{A\times B} = \frac{S_{A\times B}/(r-1)(s-1)}{S_E/rs(t-1)} \sim F((r-1)(s-1), rs(t-1))$$

给定显著性水平 $\alpha$,查 $F$ 分布表可得 $F_\alpha[r-1,rs(t-1)]$,$F_\alpha[s-1,rs(t-1)]$,$F_\alpha[s-1,rs(t-1)]$,$F_\alpha[(r-1)(s-1),rs(t-1)]$ 的值,由一次抽样后所得的样本值算得 $F_A$,$F_B$ 和 $F_{A\times B}$ 的值。

若 $F_A \geq F_\alpha[r-1, rs(t-1)]$,则拒绝 $H_{01}$,即认为因素 $A$ 对试验结果有显著影响,否则接受 $H_{01}$,即认为因素 $A$ 对试验结果无显著影响。

若 $F_B \geq F_\alpha[s-1, rs(t-1)]$,则拒绝 $H_{02}$,即认为因素 $B$ 对试验结果有显著影响,否则接受 $H_{02}$,即认为因素 $B$ 对试验结果无显著影响。

$F_{A \times B} \geq F_\alpha[(r-1)(s-1), rs(t-1)]$ 若 $F_{A \times B} \geq F_\alpha[(r-1)(s-1), rs(t-1)]$,则拒绝 $H_{03}$,即认为因素 $A$ 与 $B$ 的交互作用对试验结果有显著影响,否则接受 $H_{03}$,即认为因素 $A$ 与 $B$ 的交互作用对试验结果无显著影响。

将整个分析过程列成双因素方差分析表,见表 4.3.2。

表 4.3.2 双因素方差分析表

| 方差来源 | 偏差平方和 | 自由度 | 平均偏差平方和 | F 值 | 显著性 |
|---|---|---|---|---|---|
| 因素 $A$ | $S_A$ | $r-1$ | $\bar{S}_A = \dfrac{S_A}{r-1}$ | $F_A = \dfrac{\bar{S}_A}{\bar{S}_E}$ | |
| 因素 $B$ | $S_B$ | $s-1$ | $\bar{S}_B = \dfrac{S_B}{s-1}$ | $F_B = \dfrac{\bar{S}_B}{\bar{S}_E}$ | |
| 交互作用 $A \times B$ | $S_{A \times B}$ | $(r-1)(s-1)$ | $\bar{S}_{A \times B} = \dfrac{S_{A \times B}}{(r-1)(s-1)}$ | $F_{A \times B} = \dfrac{\bar{S}_{A \times B}}{\bar{S}_E}$ | |
| 误差 | $S_E$ | $rs(t-1)$ | $\bar{S}_E = \dfrac{S_E}{rs(t-1)}$ | | |
| 总和 | $S_T$ | $rst-1$ | | | |

### 4.3.3 多重比较

1. 对因素 $A$ 各水平作多重比较

$$d_{ij} = |\bar{X}_{i\cdot\cdot} - \bar{X}_{j\cdot\cdot}| \quad (i=1,2,\cdots,s; j=2,3,\cdots,s) \tag{4.25}$$

$$d_T = q_\alpha(r, f_E)\sqrt{\dfrac{\bar{S}_E}{st}} \tag{4.26}$$

若 $d_{ij} > d_T$,则在显著性水平 $\alpha$ 下,认为因素 $A$ 的第 $i$ 个水平与第 $j$ 个水平对试验结果的影响有显著差异,否则无显著差异。

2. 对因素 $B$ 的各水平作多重比较

$$d_{ij} = |\bar{X}_{\cdot i\cdot} - \bar{X}_{\cdot j\cdot}| \quad (i=1,2,\cdots,s; j=2,3,\cdots,s) \tag{4.27}$$

$$d_T = q_\alpha(s, f_E)\sqrt{\frac{S_E}{st}} \tag{4.28}$$

**3. 对组合水平$(A_i, B_j)$作多重比较**

若交互作用$A \times B$对试验结果有影响,可进一步检验组合水平$(A_i, B_j)$ ($i=1, 2, \cdots, r; j=1, 2, \cdots, s$)对试验结果的影响有无显著差异,即对组合水平$(A_i, B_j)$作多重比较,具体做法如下:

(1)先由数据表寻找出某个最优条件$(A_l, B_k)$;

(2)将组合水平$(A_i, B_j)$与$(A_l, B_k)$对试验结果的作用作比较;

(3)计算$d_{ij}$与$d_T$的值:

$$d_{ij} = |\overline{X}_{ij\cdot\cdot} - \overline{X}_{lk\cdot\cdot}| \quad (i=1,2,\cdots,s; j=1,2,\cdots,s) \tag{4.29}$$

$$d_T = q_\alpha(r', f_E)\sqrt{\frac{S_E}{t}} \quad (r' = r \times s) \tag{4.30}$$

(4)比较:当$d_{ij} > d_T$时,可在显著性水平$\alpha$下认为组合水平$(A_i, B_j)$与$(A_l, B_k)$对试验结果的影响有显著差异;反之,可认为无显著差异。

## 4.4 正交试验设计

试验设计是以数理统计为基础,科学地安排多因素试验的一类实用性很强的统计方法。它的主要任务是研究如何合理地安排试验以使试验次数尽可能地少,并根据这些试验结果进行统计推断以得到良好的试验方案。正交(试验)设计(orthogonal desgin)是最常用的一类试验设计方法,它既能大大降低试验次数,又能达到较好的统计效果,通过预设的正交表巧妙地安排试验,利用试验结果进行统计分析,从而找出较优或最优的试验方案。

### 4.4.1 正交设计的基本概念

**1. 指标、因素与水平**

【定义】在试验设计中,根据试验目的选定的、用来考察或衡量试验效果的特性称为试验指标(简称指标),指标可分为定量指标(也称为数量指标)和定性指标(也称为非数量指标);对试验因素可能产生影响的原因或要素称为因素(也称为因子);一般用 $A,B,C,\cdots$ 表示;选定的因素所处的状态或条件不同,可能引起试验指标的变化,称因素的各种状态或条件为水平,一般用 $1,2,3,\cdots$ 表示。

2. 正交表

正交表是正交设计中安排试验,并对试验结果进行统计分析的重要工具。下面以表4.4.1 所列的正交表 $L_9(3^4)$ 为例,介绍正交表的记号和特点。

表 4.4.1 正交表 $L_9(3^4)$

| 试验号 | 列号 | | | |
|---|---|---|---|---|
| | 1 | 2 | 3 | 4 |
| 1 | 1 | 1 | 1 | 1 |
| 2 | 1 | 2 | 2 | 2 |
| 3 | 1 | 3 | 3 | 3 |
| 4 | 2 | 1 | 2 | 3 |
| 5 | 2 | 2 | 2 | 1 |
| 6 | 2 | 3 | 1 | 2 |
| 7 | 3 | 1 | 3 | 2 |
| 8 | 3 | 2 | 1 | 3 |
| 9 | 3 | 3 | 2 | 1 |

$L_9(3^4)$ 正交表表达的含义如下:

(1)字母"$L$"表示正交表;

(2)数字"9"表示这张表共有 9 行,说明用这张表来安排试验要做 9 次试验;

(3)数字"4"表示这张表共有 4 列,说明这张表最多可安排 4 个因素;

(4)数字"3"表示在表的主体部分只出现 1,2,3 共 3 个数字,它们分别代表因素的 3 个水平,说明各个因素都是 3 水平的。

正交表的一般记号为 $L_n(m^k)$,$n$ 表示正交表的行数,每行代表一个试验方案,因此 $n$ 也代表试验次数;$k$ 表示正交表的列数,说明试验至多可以安排的因素个数;$m$ 表示因素的水平数。

从表4.4.1 可以看到正交表的两个重要特点。

(1)整齐可比性:即每一列中,不同的数字出现的次数相等。如 $L_9(3^4)$,每列不同数字是 1、2、3,各出现 3 次。

(2)均衡搭配性:即任意两列中,把同一行的两个数字看成一对有序数对时,不同的有序数对出现的次数相等。例如 $L_9(3^4)$,有序数对共有 9 个:(1,1)、(1,2)、(1,3)、(2,1)、(2,2)、(2,3)、(3,1)、(3,2)、(3,3),它们各出现 1 次。

正交表的这两个特点,使得表中安排的试验方案总是均匀分散的,很有代表性,由这一小部分试验结果所得到的分析结论能反应由全面试验结果所做的分析结论,可以从中找出最优或较优的试验方案。

常见的正交表中,2 水平的有 $L_4(2^3)$、$L_8(2^7)$、$L_{12}(2^{11})$、$L_{16}(2^{15})$ 等,这几张表中的数字 2 表示各因素都是 2 水平的;试验要做的次数分别为 4,8,12,16;最多可安排的因素分别为 3、7、11、15。3 水平的正交表有 $L_9(3^4)$ 和 $L_{27}(3^{13})$,这两张表中的数字 3 表示各因素都是 3 水平的,要做的试验次数分别为 9,27;最多可安排的因素分别为 4,13。还有 4 水平的正交表如 $L_{16}(4^5)$,5 水平的正交表如 $L_{25}(5^6)$ 等。具体见附录中的附表 7 常用正交表。

3. 正交试验方案

正交设计的任务之一是用正交表确定试验方案,使用正交表安排试验时要注意以下几点。

(1)每个因素只能占用一个列号,一个列号上只能放置一个因素,因此正交表的列数不能少于因素的个数。

(2)因素的水平个数要同因素所在列的水平数一致,即有 $r$ 个水平的因素放在有 $r$ 个水平的列号上,列号水平数对应于因子水平数。

(3)如果要考察两因素的交互效应,则将交互效应当成因素,依据交互效应表,在正交表上选用列号反映这个交互效应。

### 4.4.2 无交互效应的正交设计与数据分析

1. 直观分析法

直观分析方法简单明了,通俗易懂,计算量少,但没有把由于因素水平的改变引起的数据波动与试验误差引起的数据波动区别开来。同时,对影响试验结果的各因素的重要程度,没有给出精确的数量估计,也没有提供一个用来考察、判断因素的影响是否显著的标准。为弥补直观分析不足,可采用方差分析法分析试验结果。

## 2. 方差分析法

根据方差分析的思想,要把试验数据总的波动分解为两部分,一部分是因素变化引起的波动,另一部分是试验误差引起的波动,即把试验数据总的离差平方和分解为各个因素引起的离差平方和与试验误差引起的离差平方和,并计算它们的平均离差平方和,然后进行 $F$ 检验,得到方差分析表,最后进行统计推断。具体做法见 4.5 节应用案例。

## 4.5 应用案例

【例 4.5.1】采用正交试验设计实现坦克散热器的空气侧流动阻力和芯部体积的灵敏度分析。

【解】模型参数:空气侧流动阻力/Pa,芯部体积/m³。

因素:$A$:芯部高度 $H$/mm,$B$:芯部长度 $L$/mm,$C$:空气侧层数 $N_a$。

水平:每个因素取 3 个水平。

水平宜取 3 水平为好,这是因为 3 水平的因素试验结果分析的效应图分布多数呈二次函数,二次曲线有利于呈现试验趋势的结果;此外,水平应是等间隔的原则。因此,试验对每个因素取 3 个水平,按照 $L^9$ 的要求共安排 9 次模拟计算试验,因素水平数据见表 4.5.1,表头设计和试验方案见表 4.5.2 和表 4.5.3。

表 4.5.1 因素水平表

| 水 平 | 因 素 | | |
|---|---|---|---|
| | $A$<br>芯部高度 $H$/mm | $B$<br>芯部长度 $L$/mm | $C$<br>空气侧层数 $N_a$ |
| 1 | 100 | 1700 | 50 |
| 2 | 150 | 1800 | 57 |
| 3 | 200 | 1900 | 64 |

表 4.5.2 表头设计

| 因素 | $A$ | $B$ | $C$ | |
|---|---|---|---|---|
| 列号 | 1 | 2 | 3 | 4 |

表 4.5.3　试验方案

| 试验号 | 因素 | | | |
|---|---|---|---|---|
| | $A$ 芯部高度 $H$/mm | $B$ 芯部长度 $L$/mm | $C$ 空气侧层数 $N_a$ | |
| | 列　号 | | | |
| | 1 | 2 | 3 | 4 |
| 1 | 1(100) | 1(1700) | 1(50) | 1 |
| 2 | 1 | 2 | 2 | 2 |
| 3 | 1 | 3 | 3 | 3 |
| 4 | 2(150) | 1 | 2(57) | 3 |
| 5 | 2 | 2(1800) | 3 | 1 |
| 6 | 2 | 3 | 1 | 2 |
| 7 | 3(200) | 1 | 3(64) | 2 |
| 8 | 3 | 2 | 1 | 3 |
| 9 | 3 | 3(1900) | 2 | 1 |

表 4.5.4 为试验结果及分析情况。为确定各因素对指标影响的主次顺序,在表 4.5.4 中采用极差法对试验结果进行了分析处理。表中的 $K_1$、$K_2$ 和 $K_3$ 为每列 3 个水平下的指标之和的平均值。极差 $R$ 为每列的 $K_1$、$K_2$ 和 $K_3$ 中的最大值减去最小值。根据极差的大小,可以排出因素的主次顺序,如表 4.5.4 所列。

表 4.5.4　试验结果分析

| 试验号 | 因素 | | | 空气侧流动阻力/Pa | 芯部体积 /m³ |
|---|---|---|---|---|---|
| | $A$ 芯部高度 $H$/mm | $B$ 芯部长度 $L$/mm | $C$ 空气侧层数 $N_a$ | | |
| | 列　号 | | | | |
| | 1 | 2 | 3 | | |
| 1 | 1(100) | 1(1700) | 1(50) | 1767.1 | 0.623600 |
| 2 | 1 | 2 | 2 | 1372.2 | 0.649300 |
| 3 | 1 | 3 | 3 | 1127.0 | 0.677000 |
| 4 | 2(150) | 1 | 2(57) | 1995.1 | 0.711400 |
| 5 | 2 | 2(1800) | 3 | 1585.0 | 0.751500 |
| 6 | 2 | 3 | 1 | 2035.1 | 0.707200 |
| 7 | 3(200) | 1 | 3(64) | 2117.7 | 0.816700 |

续表

| 试验号 | 因素 | | | 空气侧流动阻力/Pa | 芯部体积/m³ |
|---|---|---|---|---|---|
| | A 芯部高度 $H$/mm | B 芯部长度 $L$/mm | C 空气侧层数 $N_a$ | | |
| | 列号 | | | | |
| | 1 | 2 | 3 | | |
| 8 | 3 | 2 | 1 | 2754.1 | 0.761700 |
| 9 | 3 | 3(1900) | 2 | 2128.0 | 0.815100 |
| 空气侧流动阻力 | $K_1$ | 1422.10 | 1959.96 | 2185.43 | |
| | $K_2$ | 1871.73 | 1903.76 | 1831.76 | |
| | $K_3$ | 2333.26 | 1763.36 | 1609.90 | |
| | $R$ | 911.16 | 196.60 | 575.53 | |
| | 主次顺序 | $H \to N_a \to L$（主→次） | | | |
| 芯部体积 | $K_1$ | 0.650 | 0.717 | 0.698 | |
| | $K_2$ | 0.723 | 0.721 | 0.725 | |
| | $K_3$ | 0.798 | 0.733 | 0.748 | |
| | $R$ | 0.1480 | 0.0160 | 0.0500 | |
| | 主次顺序 | $H \to N_a \to L$（主→次） | | | |

通过对各影响因素分析可以看出，无论是对空气侧流动阻力还是对散热器芯部体积的影响，首先是以散热器芯部高度 $H$ 的影响为最大，其次为空气侧层数 $N_a$，最后为芯体长度 $L$。

因此，在散热器的芯部外形尺寸设计时更应重点关注芯部高度的设计。下面用 SPSS 软件进行计算。

**【软件计算】**

SPSS 软件实现

1. 对空气侧流动阻力：Y1 进行分析

将数据输入 SPSS 数据编辑窗口后，依次选择 Analyze – General Linear Model – Univariate 如图 4.5.1 所示。

输出结果及分析：

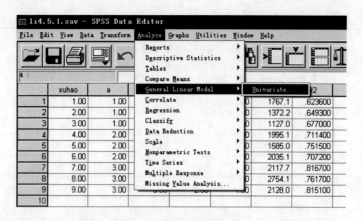

图 4.5.1　数据编辑窗口

由表 4.5.5 可知，因素 $A$、$B$、$C$ 均有 3 个水平，每个水平 3 次重复。

由表 4.5.6 可知，因素 $A$，$F = 39.711$，因素 $B$，$F = 1.962$，因素 $C$，$F = 16.120$。只有因素 $A$ 的 Sig. 值小于 0.05，因素 $B$ 和因素 $C$ 的 Sig. 值大于 0.05，这说明因素 $A$ 对试验结果有显著影响，而因素 $B$ 和因素 $C$ 对试验结果影响差异不显著。

表 4.5.5　自变量概况表

| 因素 | | $N$ |
|---|---|---|
| $A$ | 1.00 | 3 |
| | 2.00 | 3 |
| | 3.00 | 3 |
| $B$ | 1.00 | 3 |
| | 2.00 | 3 |
| | 3.00 | 3 |
| $C$ | 1.00 | 3 |
| | 2.00 | 3 |
| | 3.00 | 3 |

表 4.5.6　试验结果方差分析表

Dependent Variable: $Y1$

| Source | Type III Sum of Squares | df | Mean Square | $F$ | Sig. |
|---|---|---|---|---|---|
| Corrected Model | 1812473.553(a) | 6 | 302078.926 | 19.264 | 0.050 |
| Intercept | 31664254.410 | 1 | 31664254.410 | 2019.313 | 0.000 |
| $A$ | 1245407.847 | 2 | 622703.923 | 39.711 | 0.025 |

续表

| Source | Type III Sum of Squares | df | Mean Square | $F$ | Sig. |
|---|---|---|---|---|---|
| $B$ | 61522.160 | 2 | 30761.080 | 1.962 | 0.338 |
| $C$ | 505543.547 | 2 | 252771.773 | 16.120 | 0.058 |
| Error | 31361.407 | 2 | 15680.703 | | |
| Total | 33508089.370 | 9 | | | |
| Corrected Total | 1843834.960 | 8 | | | |

a R Squared = 0.983 (Adjusted R Squared = 0.932)。

由表 4.5.7~表 4.5.9 Duncan 多重比较可知,因素 $A3$ 水平最好,因素 $B1$ 水平最好,因素 $C1$ 水平最好。所以主次顺序为 $H \rightarrow N_a \rightarrow L$。

表 4.5.7　因素 $A$ 对空气侧流动阻力影响的 Duncan 多重比较表

Duncan

| $A$ | $N$ | Subset | | |
|---|---|---|---|---|
| | | 1 | 2 | 3 |
| 1.00 | 3 | 1422.100 | | |
| 2.00 | 3 | | 1871.733 | |
| 3.00 | 3 | | | 2333.267 |
| Sig. | | 1.000 | 1.000 | 1.000 |

Means for groups in homogeneous subsets are displayed. Based on Type III Sum of Squares The error term is Mean Square(Error) = 15680.703;

a　Uses Harmonic Mean Sample Size = 3.000;

b　Alpha = 0.05。

表 4.5.8　因素 $B$ 对空气侧流动阻力影响的 Duncan 多重比较表

Duncan

| $B$ | $N$ | Subset |
|---|---|---|
| | | 1 |
| 3.00 | 3 | 1763.367 |
| 2.00 | 3 | 1903.767 |
| 1.00 | 3 | 1959.967 |
| Sig. | | 0.182 |

Means for groups in homogeneous subsets are displayed. Based on Type III Sum of Squares The error term is Mean Square(Error) = 15680.703;

a　Uses Harmonic Mean Sample Size = 3.000;

b　Alpha = 0.05。

表4.5.9 因素 $C$ 对空气侧流动阻力影响的 Duncan 多重比较表

Duncan

| $C$ | $N$ | Subset | |
|---|---|---|---|
| | | 1 | 2 |
| 3.00 | 3 | 1609.900 | |
| 2.00 | 3 | 1831.767 | 1831.767 |
| 1.00 | 3 | | 2185.433 |
| Sig. | | 0.162 | 0.074 |

Means for groups in homogeneous subsets are displayed. Based on Type III Sum of Squares The error term is Mean Square(Error) = 15680.703;

a   Uses Harmonic Mean Sample Size = 3.000;
b   Alpha = 0.05。

**2. 对散热器芯部体积：Y2 进行分析**

输出结果及分析：

由表4.5.10 可知，因素 $A$、$B$、$C$ 均有 3 个水平，每个水平 3 次重复。

由表 4.5.11 可知，因素 $A$, $F = 121.441$, 因素 $B$, $F = 1.537$, 因素 $C$, $F = 14.429$。只有因素 $A$ 的 Sig. 值小于 0.05, 因素 $B$ 和因素 $C$ 的 Sig. 值大于 0.05, 这说明因素 $A$ 对试验结果有显著影响，而因素 $B$ 和因素 $C$ 对试验结果影响差异不显著。

表4.5.10 自变量概况表

| 因素 | | $N$ |
|---|---|---|
| $A$ | 1.00 | 3 |
| | 2.00 | 3 |
| | 3.00 | 3 |
| $B$ | 1.00 | 3 |
| | 2.00 | 3 |
| | 3.00 | 3 |
| $C$ | 1.00 | 3 |
| | 2.00 | 3 |
| | 3.00 | 3 |

表4.5.11　试验结果方差分析表

Dependent Variable: $Y_2$

| Source | Type III Sum of Squares | df | Mean Square | F | Sig. |
|---|---|---|---|---|---|
| Corrected Model | 0.037(a) | 6 | 0.006 | 45.803 | 0.022 |
| Intercept | 4.714 | 1 | 4.714 | 34909.350 | 0.000 |
| $A$ | 0.033 | 2 | 0.016 | 121.441 | 0.008 |
| $B$ | 0.000 | 2 | 0.000 | 1.537 | 0.394 |
| $C$ | 0.004 | 2 | 0.002 | 14.429 | 0.065 |
| Error | 0.000 | 2 | 0.000 | | |
| Total | 4.751 | 9 | | | |
| Corrected Total | 0.037 | 8 | | | |

a　R Squared = .993 (Adjusted R Squared = 0.971)。

由表4.5.12、表4.5.13、表4.5.14 Duncan多重比较可知,因素A3水平最好,因素B1水平最好,因素C1水平最好。所以主次顺序为 $H \rightarrow N_a \rightarrow L$。

表4.5.12　因素$A$对散热器芯部体积影响的Duncan多重比较表

Duncan

| $A$ | $N$ | Subset | | |
|---|---|---|---|---|
| | | 1 | 2 | 3 |
| 1.00 | 3 | 0.64996667 | | |
| 2.00 | 3 | | 0.72336667 | |
| 3.00 | 3 | | | 0.79783333 |
| Sig. | | 1.000 | 1.000 | 1.000 |

Means for groups in homogeneous subsets are displayed. Based on Type III Sum of Squares The error term is Mean Square(Error) = 0.000;

a　Uses Harmonic Mean Sample Size = 3.000;

b　Alpha = 0.05。

表4.5.13　因素$B$对散热器芯部体积影响的Duncan多重比较表

Duncan

| $B$ | $N$ | Subset |
|---|---|---|
| | | 1 |
| 1.00 | 3 | 0.71723333 |
| 2.00 | 3 | 0.72083333 |

续表

| B | N | Subset |
| --- | --- | --- |
| | | 1 |
| 3.00 | 3 | 0.73310000 |
| Sig. | | 0.222 |

Means for groups in homogeneous subsets are displayed. Based on Type III Sum of Squares The error term is Mean Square(Error) = 0.000;

a Uses Harmonic Mean Sample Size = 3.000;

b Alpha = 0.05。

表 4.5.14 因素 $C$ 对散热器芯部体积影响的 Duncan 多重比较表

Duncan

| C | N | Subset | |
| --- | --- | --- | --- |
| | | 1 | 2 |
| 1.00 | 3 | 0.69750000 | |
| 2.00 | 3 | 0.72526667 | 0.72526667 |
| 3.00 | 3 | | 0.74840000 |
| Sig. | | 0.100 | 0.135 |

Means for groups in homogeneous subsets are displayed. Based on Type III Sum of Squares The error term is Mean Square(Error) = 0.000;

a Uses Harmonic Mean Sample Size = 3.000;

b Alpha = 0.05。

# 第5章 回归分析

## 5.1 一元线性回归分析

一元线性回归是描述两个变量之间统计关系的最简单的回归模型。一元线性回归虽然简单,但通过一元线性回归模型的建立过程,我可以了解回归分析方法的基本思想以及在实际问题研究中的应用原理。首先介绍"回归"名称的由来。

### 5.1.1 "回归"名称的来源

回归分析的基本思想和方法以及"回归"名称的由来要归功于英国统计学家F. 高尔顿(F. Galton,1822—1911)。高尔顿和他的学生—现代统计学的奠基者之一 K. 皮尔逊(K. Pearson,1856—1936)在研究父母身高与子女身高的遗传问题时,观察了1078对夫妇,以每对夫妇的平均身高记为 $x$,而取他们的一个成年儿子的身高记为 $y$,将结果在平面笛卡儿坐标系上绘成散点图,如图5.1.1所示,发现趋势近似为一条直线。计算出的直线方程为

$$\hat{y} = 33.73 + 0.516x$$

这种趋势及直线方程总地表明父母平均身高 $x$ 每增加一个单位时,其成年儿子的身高 $y$ 也平均增加0.516个单位。这个结果表明,虽然高个子父辈确有生高个子儿子的趋势,但父辈身高增加一个单位,儿子身高仅增加0.5个单位左右。反之,矮个子父辈确有生矮个子儿子的趋势,但父辈身高减少一个单位,儿子身高仅减少半个单位左右。通俗地说,一群特高个子父辈的儿子们在同龄人中平均仅为

高个子,一群高个子父辈的儿子们在同龄人中平均仅为略高个子,一群特矮个子父辈的儿子们在同龄人中平均仅为矮个子,一群矮个子父辈的儿子们在同龄人中平均仅为略矮个子,即子代的平均高度向中心回归了。正是因为子代的身高有回到同龄人平均身高的这种趋势,才使人类的身高在一定时间内相对稳定,没有出现父辈个子高其子女更高,父辈个子矮其子女更矮的两极分化现象。这个例子生动地说明了生物学中"种"的概念的稳定性。正是为了描述这种有趣的现象,高尔顿引进了"回归"这个名词来描述父辈身高 $x$ 与子代身高 $y$ 的关系。尽管"回归"这个名称的由来具有其特定的含义,人们在研究大量的问题中,其变量 $x$ 与 $y$ 之间的关系并不总是具有这种"回归"的含义。但是,借用这个名词把研究变量 $x$ 与 $y$ 间统计关系的量化方法称为"回归"分析也算是对高尔顿这个伟大的统计学家的纪念。

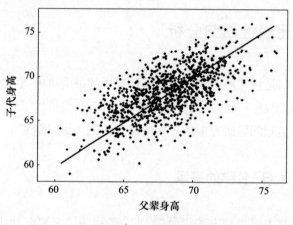

图 5.1.1　散点网

下面,取 1078 组数据中的 12 组数据进行一元线性回归分析。

【例 5.1.1】表 5.1.1 给出了 12 个父辈和他们长子的身高分别为 $(x_i, y_i)$ ( $i = 1, 2, \cdots, 12$)这样一组观测值(单位:in(1in = 25.4mm))。

表 5.1.1　父子的身高

| 父亲的身高 $x$ | 65 | 63 | 67 | 64 | 68 | 62 | 70 | 66 | 68 | 67 | 69 | 71 |
|---|---|---|---|---|---|---|---|---|---|---|---|---|
| 儿子的身高 $Y$ | 68 | 66 | 68 | 65 | 69 | 66 | 68 | 65 | 71 | 67 | 68 | 70 |

求 $Y$ 关于 $x$ 的线性回归方程。

【解】(1)为了直观地发现样本数据的分布规律,我们把 $(x_i, Y_i)$ 看成是平面笛卡儿坐标系中的点,画出这 $n$ 个样本点的散点图,如图 5.1.2 所示。

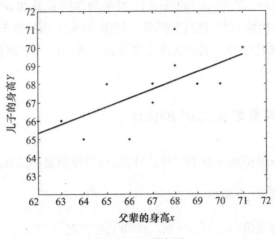

图 5.1.2 散点图

从图 5.1.2 中可以看出,父辈的身高与儿子的身高可能存在某种线性关系 $Y=\alpha+\beta x$。那么如何找这个线性关系呢? 如果找到了,可信吗? 带着这一系列问题我们进入下面的学习。首先,我们来学习什么是一元线性回归模型。

### 5.1.2 一元线性回归模型

【定义】设随机变量 $Y$ 和可控制变量 $x$ 服从线性关系

$$Y=\alpha+\beta x+\varepsilon \tag{5.1}$$

$(Y_i,x_i)(i=1,2,\cdots,n)$ 是 $(Y,x)$ 的 $n$ 个观测,则它们满足

$$\begin{cases} Y_i=\alpha+\beta x_i+\varepsilon_i & (i=1,\cdots,n) \\ \varepsilon_i \sim N(0,\sigma^2) & (i=1,\cdots,n) \end{cases} \tag{5.2}$$

式中:$\varepsilon_i$ 相互独立,则称 $Y$ 与 $x$ 服从一元线性回归模型。

关于定义中的假设作以下几点说明。

(1)由假设 $\varepsilon_i$ 相互独立且服从 $N(0,\sigma^2)$ 可知,$Y_i$ 相互独立且服从 $N(\alpha+\beta x_i,\sigma^2)$,称 $(Y_i,x_i)(i=1,2,\cdots,n)$ 为回归观测值(或回归样本)。

(2)关于 $Y$ 与 $x$ 的线性假设是为了数学上处理的方便,对于非线性模型要难处理得多。

(3)由假设 $EY_i=\alpha+\beta x_i$,则 $Y_i=EY_i+\varepsilon_i$。

对于式(5.2)定义的一元线性回归模型,通常所考虑的统计推断问题是:在已

知观测值$(Y_i,x_i)(i=1,2,\cdots,n)$的基础上,对未知参数$\alpha,\beta$和$\sigma^2$进行估计,对$\alpha,\beta$的某种假设进行检验,对$Y$进行预测等。例如,针对上面的例5.1.1,我们就是要对未知参数$\alpha,\beta$进行估计。如何估计未知参数?我们进入下面第二个问题:未知参数$\alpha,\beta,\sigma^2$的估计。

### 5.1.3 未知参数$\alpha,\beta,\sigma^2$的估计

为了由样本数据得到$\alpha,\beta$的理想估计值,我们使用最小二乘估计法。

**1. $(\alpha,\beta)$的最小二乘估计**

对一组回归观测值$(y_i,x_i)(i=1,2,\cdots,n)$,它满足
$$y_i = \alpha + \beta x_i + \varepsilon_i \tag{5.3}$$
最小二乘法是寻找未知参数$(\alpha,\beta)$的估计量$(\hat{\alpha},\hat{\beta})$,使得
$$\sum_{i=1}^n (y_i - \hat{\alpha} - \hat{\beta}x_i)^2 = \min_{\alpha,\beta} \sum_{i=1}^n (y_i - \alpha - \beta x)^2 \tag{5.4}$$

满足式(5.4)的估计量$(\hat{\alpha},\hat{\beta})$称为$(\alpha,\beta)$的最小二乘估计。下面用微分法求解,记
$$Q(\alpha,\beta) = \sum_{i=1}^n (y_i - \alpha - \beta x)^2$$
令
$$\left.\frac{\partial Q}{\partial \alpha}\right|_{(\alpha,\beta)=(\hat{\alpha},\hat{\beta})} = 0, \left.\frac{\partial Q}{\partial \beta}\right|_{(\alpha,\beta)=(\hat{\alpha},\hat{\beta})} = 0$$
即
$$\begin{cases} n\hat{\alpha} + n\bar{x}\hat{\beta} = n\bar{y} \\ n\bar{x}\hat{\alpha} + \sum_{i=1}^n x_i^2 \hat{\beta} = \sum_{i=1}^n x_i y_i \end{cases}$$
解得
$$\begin{cases} \hat{\alpha} = \bar{y} - \hat{\beta}\bar{x} \\ \hat{\beta} = \dfrac{\sum_{i=1}^n (x_i - \bar{x})(y_i - \bar{y})}{\sum_{i=1}^n (x_i - \bar{x})^2} \end{cases}$$

将 $(y_i, x_i)(i=1,2,\cdots,n)$ 换为 $(Y_i, x_i)(i=1,2,\cdots,n)$，得到 $(\alpha,\beta)$ 的最小二乘估计量：

$$\begin{cases} \hat{\alpha} = \overline{Y} - \hat{\beta}\overline{x} \\ \hat{\beta} = \dfrac{\sum\limits_{i=1}^{n}(x_i - \overline{x})(Y_i - \overline{Y})}{\sum\limits_{i=1}^{n}(x_i - \overline{x})^2} \end{cases} \tag{5.5}$$

对于一元线性回归模型，最小二乘估计与最大似然估计是等价的。

将 $\hat{\alpha}, \hat{\beta}$ 代入 $EY_i = \alpha + \beta x_i$，得

$$\hat{Y} = \hat{\alpha} + \hat{\beta}x \tag{5.6}$$

式(5.6)为 $Y$ 关于 $x$ 的线性回归方程。

**【例5.1.1 续】**(2) 根据上面的讨论，将表5.1.1中的数据代入下式

$$\begin{cases} \hat{\alpha} = \overline{Y} - \hat{\beta}\overline{x} \\ \hat{\beta} = \dfrac{\sum\limits_{i=1}^{n}(x_i - \overline{x})(Y_i - \overline{Y})}{\sum\limits_{i=1}^{n}(x_i - \overline{x})^2} \end{cases}$$

计算可得

$$\hat{\alpha} = 35.82, \hat{\beta} = 0.476$$

因此，得到 $Y$ 关于 $x$ 的线性回归方程：

$$\hat{Y} = 35.82 + 0.476x$$

**2. $\sigma^2$ 的估计**

由于 $\sigma^2 = D\varepsilon = E\varepsilon^2$，故可以用 $\dfrac{1}{n}\sum\limits_{i=1}^{n}\varepsilon_i^2$ 对 $\sigma^2$ 做矩估计，而 $\varepsilon_i = Y_i - \alpha - \beta x_i$ 是未知的，以 $\alpha, \beta$ 的相应估计量代入，可得

$$\hat{\sigma}^2 = \frac{1}{n}\sum_{i=1}^{n}(Y_i - \hat{\alpha} - \hat{\beta}x_i)^2$$

为计算方便，将上式改写为

$$\hat{\sigma}^2 = \frac{1}{n}\sum_{i=1}^{n}(Y_i - \overline{Y})^2 - \hat{\beta}^2\left(\frac{1}{n}\sum_{i=1}^{n}(x_i - \overline{x})^2\right) \tag{5.7}$$

### 5.1.4 参数估计量的分布

当我们得到一个实际问题的回归方程 $\hat{Y} = \hat{\alpha} + \hat{\beta}x$ 后,还不能马上就用它去作分析和预测,因为 $\hat{Y} = \hat{\alpha} + \hat{\beta}x$ 是否真正描述了变量 $Y$ 与 $x$ 之间的统计规律性,还需运用统计方法对回归方程进行检验。为了对参数估计量进行检验,首先讨论它们的分布,这里我们只给出结论。

1. $\hat{\beta}$ 的分布

$\hat{\beta}$ 的分布表达式为

$$\hat{\beta} \sim N\left(\beta, \sigma^2 / \sum_{i=1}^{n}(x_i - \bar{x})^2\right) \tag{5.8}$$

2. $\hat{\alpha}$ 的分布

$\hat{\alpha}$ 的分布表达式为

$$\hat{\alpha} \sim N\left(\alpha\left[\frac{1}{n} + \frac{(\bar{x})^2}{\sum_{i=1}^{n}(x_i - \bar{x})^2}\right]\sigma^2\right) \tag{5.9}$$

3. $\hat{Y}_0 = \hat{\alpha} + \hat{\beta}x_0$ 的分布

$$\hat{Y}_0 \sim N\left(\alpha + \beta x_0\left[\frac{1}{n} + \frac{(x_0 - \bar{x})^2}{\sum_{j=1}^{n}(x_j - \bar{x})^2}\right]\sigma^2\right) \tag{5.10}$$

4. $\hat{\sigma}^2$ 的分布

$\hat{\sigma}^2$ 的分布为

$\hat{\sigma}^2 = \frac{1}{n}\sum_{i=1}^{n}(Y_i - \hat{\alpha} - \hat{\beta}x_i)^2$,$E\hat{\sigma}^2 = \frac{n-2}{n}\sigma^2$,说明 $\hat{\sigma}^2$ 不是 $\sigma^2$ 的无偏估计,记 $\hat{\sigma}^{*2} = \frac{1}{n-2}\sum_{i=1}^{n}(Y_i - \hat{\alpha} - \hat{\beta}x_i)^2$,则有 $E\hat{\sigma}^{*2} = \sigma^2$,即 $\hat{\sigma}^{*2}$ 是 $\sigma^2$ 的无偏估计。$\hat{\sigma}^{*2}$ 为 $\sigma^2$ 的修正估计,$\hat{\sigma}^*$ 为估计的修正标准差。有下面结果:

$$\frac{n-2}{\sigma^2}\hat{\sigma}^{*2} \sim \chi^2(n-2) \tag{5.11}$$

且 $\hat{\sigma}^{*2}$ 分别与 $\hat{\alpha},\hat{\beta}$ 独立。

有了这些作准备,下面我们对参数 $\beta$ 进行显著性检验。

### 5.1.5 参数 $\beta$ 的显著性检验

参数 $\beta$(即回归系数)的显著性检验就是要检验可控制变量 $x$ 对随机变量 $Y$ 的影响是否显著。这可转化为检验:

$$原假设: H_0: \beta = 0$$
$$对立假设: H_1: \beta \neq 0$$

当 $H_0$ 成立时,认为 $Y$ 与 $x$ 的线性回归是不显著的,所求的回归直线无意义。

当 $H_0$ 不成立时,认为所求回归直线有意义。

根据关于参数估计分布的讨论,构造统计量:

$$T = \frac{\hat{\beta}}{\hat{\sigma}^*} \sqrt{\sum_{i=1}^{n}(x_i - \bar{x})^2}$$

因为 $\hat{\beta} \sim N\left(\beta, \sigma^2 / \sum_{i=1}^{n}(x_i - \bar{x})^2\right)$,$\frac{n-2}{\sigma^2}\hat{\sigma}^{*2} \sim \chi^2(n-2)$,所以当 $H_0$ 成立时,有

$$T = \frac{\hat{\beta}}{\hat{\sigma}^*} \sqrt{\sum_{i=1}^{n}(x_i - \bar{x})^2} \sim t(n-2) \tag{5.12}$$

有了 $T$ 的分布,根据假设检验方法,对于给定的显著水平 $\alpha$,可构造检验步骤如下:

(1) $H_0: \beta = 0$;

(2) 构造统计量 $T = \frac{\hat{\beta}}{\hat{\sigma}^*} \sqrt{\sum_{i=1}^{n}(x_i - \bar{x})^2}$;

(3) 对于给定的 $\alpha$,查分位数 $t_{\alpha/2}(n-2)$;

(4) 对给定的一组回归观测值,代入 $T = \frac{\hat{\beta}}{\hat{\sigma}^*} \sqrt{\sum_{i=1}^{n}(x_i - \bar{x})^2}$ 计算得 $t$,若 $|t| \geq t_{\alpha/2}(n-2)$,则拒绝 $H_0$,否则接受 $H_0$。

【例 5.1.1 续】(3) 对参数 $\beta$ 进行检验,取 $\alpha = 0.05$。

对 $\alpha = 0.05, n-2 = 10$,查表得

$$t_{0.025}(10) = 2.2281 (t = 3.128)$$
$$|t| = 3.128 > 2.2281 = t_{0.025}(10)$$

拒绝 $H_0$,说明 $Y$ 与 $x$ 的线性回归是显著的。

### 5.1.6 回归模型的应用 – 预测和控制

**1. 预测问题**

建立回归模型的目的是为了应用,而预测和控制是回归模型最重要的应用。控制问题相当于预测的反问题。下面我们只讨论回归分析中的预测问题。

对 $x = x_0$,要求 $x_0$ 与 $x_1, x_2, \cdots, x_n$ 都是不相同的,有
$$Y_0 = \alpha + \beta x_0 + \varepsilon_0$$
这里 $\varepsilon_0 \sim N(0, \sigma^2)$,$\varepsilon_0$ 与 $\varepsilon_1, \varepsilon_2, \cdots, \varepsilon_n$ 相互独立,则 $Y_0$ 与 $Y_1, Y_2, \cdots, Y_n$ 相互独立,考虑
$$Y_0 - \hat{Y}_0 = Y_0 - (\hat{\alpha} + \hat{\beta} x_0)$$
可知
$$Y_0 - \hat{Y}_0 \sim N\left(0, \left(1 + \frac{1}{n} + \frac{(x_0 - \bar{x})^2}{\sum_{i=1}^{n}(x_i - \bar{x})^2}\right)\sigma^2\right) \tag{5.13}$$

根据 $Y_0 - \hat{Y}$ 与 $\hat{\sigma}^{*2}$ 相互独立,$\dfrac{n-2}{\sigma^2}\hat{\sigma}^{*2} \sim \chi^2(n-2)$,则

$$T = \frac{Y_0 - \hat{\alpha} - \hat{\beta} x_0}{\hat{\sigma}^* \sqrt{1 + \dfrac{1}{n} + \dfrac{(x_0 - \bar{x})^2}{\sum_{i=1}^{n}(x_i - \bar{x})^2}}} \sim t(n-2) \tag{5.14}$$

对于给定的置信水平 $1 - \alpha$,有
$$P\{|T| \leq t_{\alpha/2}(n-2)\} = 1 - \alpha$$
可得 $Y_0$ 的置信区间为

$$\left(\hat{\alpha} + \hat{\beta} x_0 - t_{\alpha/2}(n-2)\hat{\sigma}^* \sqrt{1 + \frac{1}{n} + \frac{(x_0 - \bar{x})^2}{\sum_{i=1}^{n}(x_i - \bar{x})^2}},\right.$$

$$\left.\hat{\alpha} + \hat{\beta} x_0 + t_{\alpha/2}(n-2)\hat{\sigma}^* \sqrt{1 + \frac{1}{n} + \frac{(x_0 - \bar{x})^2}{\sum_{i=1}^{n}(x_i - \bar{x})^2}}\right)$$

令

$$\delta(x_0) = t_{\alpha/2}(n-2)\hat{\sigma}^* \sqrt{1 + \frac{1}{n} + \frac{(x_0 - \bar{x})^2}{\sum_{i=1}^{n}(x_i - \bar{x})^2}}$$

于是在 $x = x_0$ 处，$Y_0$ 的置信下限为

$$y_1(x_0) = \hat{\alpha} + \hat{\beta}x_0 - \delta(x_0) = \hat{Y}_0 - \delta(x_0)$$

置信上限为

$$y_2(x_0) = \hat{\alpha} + \hat{\beta}x_0 + \delta(x_0) = \hat{Y}_0 + \delta(x_0)$$

当 $x$ 变动时，可得曲线

$$y_1(x) = \hat{Y} - \delta(x)$$

$$y_2(x) = \hat{Y} + \delta(x)$$

这两条曲线形成一个包含回归直线的带形域。

【例 5.1.1 续】(4) 设 $x_0 = 65.5, 1 - \alpha = 0.95; x_0 = 70.3, 1 - \alpha = 0.95$，分别给出置信上下限。

(63.476,70.52),(63.832,74.924)，也就是说，有大约 95% 的把握断言：

儿子们的身高界于 63.476~70.52 in；儿子们的身高界于 63.832~74.924 in。

将例 5.1.1 用 SPSS11.5 软件实现

Analyze→Regression→Linear，如图 5.1.1 所示。

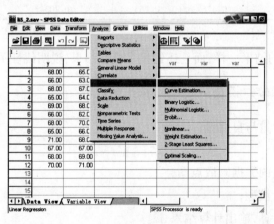

图 5.1.1

运行结果如下。

Variables Entered/Removed(b)

| Model | Variables Entered | Variables Removed | Method |
|---|---|---|---|
| 1 | $X(a)$ | . | Enter |

a  All requested variables entered;
b  Dependent Variable：Y。

Model Summary

| Model | R | R Square | Adjusted R Square | Std. Error of the Estimate |
|---|---|---|---|---|
| 1 | .703(a) | 0.494 | 0.443 | 1.40367 |

a  Predictors:(Constant),X。

ANOVA(b)

| Model | | Sum of Squares | df | Mean Square | F | Sig. |
|---|---|---|---|---|---|---|
| 1 | Regression | 19.214 | 1 | 19.214 | 9.752 | 0.011(a) |
| | Residual | 19.703 | 10 | 1.970 | | |
| | Total | 38.917 | 11 | | | |

a  Predictors:(Constant),X;
b  Dependent Variable:Y。

Coefficients(a)

| Model | | Unstandardized Coefficients | | Standardized Coefficients | t | Sig. |
|---|---|---|---|---|---|---|
| | | B | Std. Error | Beta | | |
| 1 | (Constant) | 35.825 | 10.178 | | 3.520 | 0.006 |
| | X | 0.476 | 0.153 | 0.703 | 3.123 | 0.011 |

a  Dependent Variable:Y。

与我们计算的结果一样,而且还给出了检验结果,说明线性关系显著存在。

2. 一元线性回归模型从建模到应用的过程

(1)提出因变量与自变量;

(2)搜集数据;

(3)根据搜集的数据画散点图;

(4)设定理论模型;

(5)用软件计算,输出计算结果;

(6)回归诊断,分析输出结果;

(7)模型的应用。

## 5.2　多元线性回归分析

5.1节讨论了一元线性回归模型,在实际问题中,遇到更多的是讨论随机变量

$Y$ 与非随机变量 $x_1, x_2, \cdots, x_n$ 之间的关系。

### 5.2.1　多元线性回归模型

假定因变量 $Y$ 与 $x_1, x_2, \cdots, x_m$ 线性相关,即有线性关系:
$$Y = \beta_0 + \beta_1 x_1 + \cdots + \beta_m x_m + \varepsilon, \varepsilon \sim N(0, \sigma^2)$$
$\beta_0, \beta_1, \cdots, \beta_m, \sigma^2$ 未知。

设 $(x_{i_1}, x_{i_2}, \cdots, x_{i_m}, Y_i)(i=1,2,\cdots,n)$ 是 $(x_1, \cdots, x_m, Y)$ 的 $n$ 个观测,满足

$$\begin{cases} Y_i = \beta_0 + \beta_1 x_{i_1} + \beta_2 x_{i_2} + \cdots + \beta_m x_{i_m} + \varepsilon_i \\ \varepsilon_i \sim N(0, \sigma^2) \text{且相互独立} \end{cases} \tag{5.15}$$

$E(\varepsilon_i) = 0, D(\varepsilon_i) = \sigma^2, \mathrm{Cov}(\varepsilon_i, \varepsilon_j) = 0 (i \neq j)$,称模型(1)为多元线性回归模型。

为了今后讨论方便,引入向量、矩阵记号。

记
$$\boldsymbol{Y} = (Y_1, Y_2, \cdots, Y_n)^\mathrm{T}, \boldsymbol{\beta} = (\beta_0, \beta_1, \cdots, \beta_m)^\mathrm{T}, \boldsymbol{\varepsilon} = (\varepsilon_1, \varepsilon_2, \cdots, \varepsilon_n)^\mathrm{T}$$

$$\boldsymbol{X} = \begin{pmatrix} 1 & x_{11} & x_{12} & \cdots & x_{1m} \\ 1 & x_{21} & x_{22} & \cdots & x_{2m} \\ \vdots & \vdots & \vdots & & \vdots \\ 1 & x_{n1} & x_{n2} & \cdots & x_{nm} \end{pmatrix}$$

则式(5.15)的矩阵表达式为
$$\boldsymbol{Y} = \boldsymbol{X}\boldsymbol{\beta} + \boldsymbol{\varepsilon} \tag{5.16}$$

$E(\boldsymbol{Y}) = \boldsymbol{X}\boldsymbol{\beta}, \mathrm{Cov}(\boldsymbol{Y}, \boldsymbol{Y}) = E(\boldsymbol{Y} - E\boldsymbol{Y})(\boldsymbol{Y} - E\boldsymbol{Y})^\mathrm{T} = \sigma^2 \boldsymbol{I}_n, \boldsymbol{I}_n$ 为 $n$ 阶单位矩阵。

### 5.2.2　参数的估计

**1. $\boldsymbol{\beta}$ 的最小二乘估计**

对于式(5.16),常采用最小二乘法寻求 $\boldsymbol{\beta}$ 的估计量 $\hat{\boldsymbol{\beta}}$,满足
$$\sum_{i=1}^n \left( Y_i - \sum_{j=0}^m x_{ij} \hat{\beta}_j \right)^2 = \min \sum_{i=1}^n \left( Y_i - \sum_{j=0}^m x_{ij} \beta_j \right)^2 \quad (x_{i0} = 1(i=1,2,\cdots,n))$$

写成矩阵形式为
$$\| \boldsymbol{Y} - \boldsymbol{X}\hat{\boldsymbol{\beta}} \|^2 = \min \| \boldsymbol{Y} - \boldsymbol{X}\boldsymbol{\beta} \|^2$$

用微分法求解 $\hat{\boldsymbol{\beta}}$：

$$\sum_{i=1}^{n}\left(Y_i - \sum_{j=0}^{m} x_{ij}\hat{\beta}_j\right)x_{ik} = 0 \quad (k=0,1,2,\cdots,m)$$

$$\sum_{i=1}^{n} Y_i x_{ik} = \sum_{i=1}^{n}\sum_{j=0}^{m} x_{ij}x_{ik}\hat{\beta}_j = \sum_{j=0}^{m}\left(\sum_{i=1}^{n} x_{ij}x_{ik}\right)\hat{\beta}_j \quad (k=0,1,2,\cdots,m)$$

用矩阵表示，即

$$\begin{cases} \boldsymbol{X}^{\mathrm{T}}\boldsymbol{Y} = (\boldsymbol{X}^{\mathrm{T}}\boldsymbol{X})\hat{\boldsymbol{\beta}} \\ \hat{\boldsymbol{\beta}} = (\boldsymbol{X}^{\mathrm{T}}\boldsymbol{X})^{-1}\boldsymbol{X}^{\mathrm{T}}\boldsymbol{Y} \end{cases} \tag{5.17}$$

【定义】将 $\hat{\boldsymbol{\beta}}$ 代入 $E(Y)$，得

$$\hat{Y} = \hat{\beta}_0 + \hat{\beta}_1 x_1 + \cdots + \hat{\beta}_m x_m \tag{5.18}$$

上式为线性回归方程。

2. $\sigma^2$ 的估计

$\sigma^2$ 的估计可表示为

$$\hat{\sigma}^{*2} = \frac{1}{n-m-1}\sum_{i=1}^{n}\left(Y_i - \sum_{j=0}^{m} x_{ij}\hat{\beta}_j\right)^2 \tag{5.19}$$

矩阵形式为

$$\hat{\sigma}^{*2} = \frac{1}{n-m-1}\left[\boldsymbol{Y}^{\mathrm{T}}\boldsymbol{Y} - \hat{\boldsymbol{\beta}}^{\mathrm{T}}(\boldsymbol{X}^{\mathrm{T}}\boldsymbol{Y})\right]$$

【例 5.2.1】某种水泥在凝固时放出的热量 $Y$（单位：cal）与水泥中下列 4 种化学成分有关。

(1) $x_1$：$3\mathrm{CaO} \cdot \mathrm{Al}_2\mathrm{O}_3$；

(2) $x_2$：$3\,\mathrm{CaO} \cdot \mathrm{SiO}_2$；

(3) $x_3$：$4\mathrm{CaO} \cdot \mathrm{Al}_2\mathrm{O}_3 \cdot \mathrm{Fe}_2\mathrm{O}_3$；

(4) $x_4$：$2\,\mathrm{CaO} \cdot \mathrm{SiO}_2$。

通过试验得到数据列于表 5.1.2 中，求 $Y$ 对 $x_1, x_2, x_3, x_4$ 的线性回归方程。

表 5.1.2 试验数据

| 序号 | $x_1$/% | $x_2$/% | $x_3$/% | $x_4$/% | $Y$ |
|---|---|---|---|---|---|
| 1 | 7 | 26 | 6 | 60 | 78.5 |
| 2 | 1 | 29 | 15 | 52 | 74.3 |
| 3 | 11 | 56 | 8 | 20 | 104.3 |

续表

| 序号 | $x_1/\%$ | $x_2/\%$ | $x_3/\%$ | $x_4/\%$ | $Y$ |
|---|---|---|---|---|---|
| 4 | 11 | 31 | 8 | 47 | 87.6 |
| 5 | 7 | 52 | 6 | 33 | 95.9 |
| 6 | 11 | 55 | 9 | 22 | 109.2 |
| 7 | 3 | 71 | 17 | 6 | 102.7 |
| 8 | 1 | 31 | 22 | 44 | 72.5 |
| 9 | 2 | 54 | 18 | 22 | 93.1 |
| 10 | 21 | 47 | 4 | 26 | 115.9 |
| 11 | 1 | 40 | 23 | 34 | 83.9 |
| 12 | 11 | 66 | 9 | 12 | 113.3 |
| 13 | 10 | 68 | 8 | 12 | 109.4 |

**【解】**(1)将数据代入式(5.17),经计算可得

$$(\hat{\beta}_0,\hat{\beta}_1,\hat{\beta}_2,\hat{\beta}_3,\hat{\beta}_4) = (62.4502, 1.5511, 0.5101, 0.1019, -0.1441)^T$$

则所求的线性回归方程为

$$\hat{Y} = 62.4502 + 1.5511x_1 + 0.5101x_2 + 0.1019x_3 - 0.1441x_4$$

### 5.2.3 估计量的分布及性质

$\hat{\boldsymbol{\beta}}$ 的分布为

$$E\hat{\boldsymbol{\beta}} = E[(\boldsymbol{X}^T\boldsymbol{X})^{-1}\boldsymbol{X}^T\boldsymbol{Y}] = (\boldsymbol{X}^T\boldsymbol{X})^{-1}\boldsymbol{X}^T E\boldsymbol{Y} = (\boldsymbol{X}^T\boldsymbol{X})^{-1}\boldsymbol{X}^T\boldsymbol{X}\boldsymbol{\beta} = \boldsymbol{\beta}$$

$$\begin{aligned}
\text{Cov}(\hat{\boldsymbol{\beta}},\hat{\boldsymbol{\beta}}) &= \text{Cov}((\boldsymbol{X}^T\boldsymbol{X})^{-1}\boldsymbol{X}^T\boldsymbol{Y},(\boldsymbol{X}^T\boldsymbol{X})^{-1}\boldsymbol{X}^T\boldsymbol{Y}) \\
&= (\boldsymbol{X}^T\boldsymbol{X})^{-1}\boldsymbol{X}^T \text{Cov}(\boldsymbol{Y},\boldsymbol{Y})\boldsymbol{X}(\boldsymbol{X}^T\boldsymbol{X})^{-1} \\
&= (\boldsymbol{X}^T\boldsymbol{X})^{-1}\boldsymbol{X}^T(\sigma^2 \boldsymbol{I}_n)\boldsymbol{X}(\boldsymbol{X}^T\boldsymbol{X})^{-1} \\
&= \sigma^2 (\boldsymbol{X}^T\boldsymbol{X})^{-1}
\end{aligned}$$

$$\hat{\boldsymbol{\beta}} \sim N(\boldsymbol{\beta},\sigma^2 (\boldsymbol{X}^T\boldsymbol{X})^{-1}) \tag{5.20}$$

**【性质】**(1)$\hat{\boldsymbol{\beta}}$ 是 $\boldsymbol{Y}$ 的线性函数,服从 $m+1$ 维正态分布,$E\hat{\boldsymbol{\beta}} = \boldsymbol{\beta}$,$\text{Cov}(\hat{\boldsymbol{\beta}},\hat{\boldsymbol{\beta}}) = \sigma^2 (\boldsymbol{X}^T\boldsymbol{X})^{-1}$。

(2)$\hat{\boldsymbol{\beta}}$ 是 $\boldsymbol{\beta}$ 的最小方差线性无偏估计。

(3)$\hat{\boldsymbol{Y}}$ 和 $\hat{\boldsymbol{\beta}}$ 互不相关,$\hat{\boldsymbol{Y}} = \boldsymbol{Y} - \boldsymbol{X}\hat{\boldsymbol{\beta}} = [\boldsymbol{I}_n - \boldsymbol{X}(\boldsymbol{X}^T\boldsymbol{X})^{-1}\boldsymbol{X}^T]\hat{\boldsymbol{Y}}$ 称为残差向量。

(4) $E\hat{Y}=0$, $\text{Cov}(\hat{Y},\hat{Y})=\sigma^2(I_n-X(X^TX)^{-1}X)$, $E\hat{\sigma}^{*2}=\sigma^2$。

【定理 5.2.1】若 $(x_{i_1},\cdots,x_{i_m},Y_i)(i=1,2,\cdots,n)$ 满足性质(1)，则

(1) $\hat{\boldsymbol{\beta}}$ 和 $\hat{Y}$ 相互独立，且服从正态分布；

(2) $\hat{\boldsymbol{\beta}}$ 和 $\hat{\sigma}^{*2}$ 相互独立；

(3) $(n-m-1)\hat{\sigma}^{*2}/\sigma^2 \sim X^2(n-m-1)$。

### 5.2.4 回归系数及回归方程的显著性检验

**1. 回归系数的检验**

$$H_0:\beta_j=0 \leftrightarrow H_1:\beta_j\neq 0 \quad (j=1,2,\cdots,m)$$

检验统计量：$T_j=\dfrac{\hat{\beta}_j}{\sqrt{c_{ij}Q/(n-m-1)}} \sim t(n-m-1)$ 其中 $c_{jj}$ 是 $C=(X^TX)^{-1}$ 的主对角线上的第 $j+1$ 个元素。

对给定的显著水平 $\alpha$，查表可得 $t_{\alpha/2}(n-m-1)$。由样本值算得 $T$ 的数值等，若 $|t_j|\geq t_{\alpha/2}(n-m-1)$，则拒绝 $H_0$，即认为 $\beta_j$ 显著地等于零，根据 $\hat{\sigma}^*$ 的定义，$T_j$ 也可写为

$$T_j=\frac{\hat{\beta}_j}{\sqrt{c_{jj}}\hat{\sigma}_*} \tag{5.21}$$

**2. 回归方程的显著性检验**

检验假设：

$$H_0:\beta_1=\beta_2=\cdots=\beta_m=0 \leftrightarrow H_1:\text{至少有一个}\beta_j\neq 0(j=1,2,\cdots,m)$$

检验统计量：

$$F=\frac{S_B/(\sigma^2 m)}{S_A/\sigma^2(n-m-1)}=\frac{S_B(n-m-1)}{S_A m}\sim F(m,n-m-1) \tag{5.22}$$

$$\overline{Y}=\frac{1}{n}\sum_{i=1}^{n}Y_i$$

$$S_T=\sum_{i=1}^{n}(Y_i-\overline{Y})^2, \quad S_A=\sum_{i=1}^{n}(Y_i-\hat{Y}_i)^2, \quad S_B=\sum_{i=1}^{n}(\hat{Y}_i-\overline{Y})^2$$

$$S_T=S_A+S_B$$

对给定的 $\alpha$,查 $F_\alpha(m, n-m-1)$。对给出回归观测值可算得 $F$ 的数值 $f$,若
$$f \geq F_\alpha(m, n-m-1)$$
则拒绝 $H_0$,即认为各系数不全为零,线性回归方程是显著的,否则接受 $H_0$,即认为线性回归方程不显著。

**【例 5.2.1 续】**(2)检验线性回归方程的显著性,取 $\alpha = 0.05$,由数据可算得

$$S_T = \sum_{i=1}^{13}(y_i - \bar{y})^2 = 2715.7635$$

$$S_A = \sum_{i=1}^{13}(y_i - \hat{y}_i)^2 = 47.8635$$

$$S_B = 2715.7635 - 47.8635 = 2667.9$$

$$f = \frac{2667.9 \times 8}{47.8635 \times 4} = 111.4795$$

因为 $F_{0.05}(4, 8) = 3.84$,$f = 111.4795 > F_{0.05}(4, 8)$,故拒绝 $H_0$,认为线性回归方程是显著的。

(3)检验各回归系数是否分别是显著为零($\alpha = 0.05, \alpha = 0.1$),则

$$\beta_1 = 1.5511 \quad \beta_2 = 0.5101 \quad \beta_3 = 0.1019 \quad \beta_4 = -0.1441$$

$$S_A = 47.8635, \quad \hat{\sigma}^* = \sqrt{\frac{S_A}{n-m-1}} = \sqrt{\frac{47.8635}{13-4-1}} = 2.4460$$

$$t_1 = \frac{\hat{\beta}_1}{\sqrt{c_{11}}\hat{\sigma}_*} = 2.0817$$

$$t_2 = \frac{\hat{\beta}_2}{\sqrt{c_{22}}\hat{\sigma}_*} = 0.7046$$

$$t_3 = \frac{\hat{\beta}_3}{\sqrt{c_{33}}\hat{\sigma}_*} = 0.1350$$

$$t_4 = \frac{\hat{\beta}_4}{\sqrt{c_{44}}\hat{\sigma}_*} = -0.2032$$

当 $\alpha = 0.05, t_{\alpha/2}(8) = 2.306$,4 个回归系数均显著为零。

当 $\alpha = 0.1, t_{\alpha/2}(8) = 1.860$。只有 $\hat{\beta}_1$ 显著不为零,而总的线性回归是显著的,原因主要是由于回归变量之间具有较强的线性相关,还需进一步讨论。

### 5.2.5 最优回归方程的选择

**【原则】**寻求一线性回归方程,它包含所有对 $Y$ 有显著作用的回归变量,剔除

不显著的回归变量,以估计的标准误差

$$\hat{\sigma}^* = \sqrt{\frac{\sum_{i=1}^{n}(y_i - \hat{y}_i)^2}{n-m-1}} \tag{5.23}$$

最小者为优,一般有4种方法。

### 1. 穷举法

对所有回归变量的可能组合,求出关于 $Y$ 的线性回归方程,从中选出最优法。一共需拟合

$$C_m^1 + C_m^2 + \cdots C_m^m = C_m^0 + C_m^1 + C_m^2 + \cdots C_m^m - C_m^0 = 2^m - 1$$

个方程。对每个方程及回归系数做显著性检验,选出回归系数都是显著的线性回归方程,然后从中选出估计的标准误差 $\hat{\sigma}^*$ 最小者。

优点:总能找到最优的线性回归方程;

缺点:当变量较多时,计算量太大。

### 2. "只进不出"法(或前进法)

思想:变量由少到多,每次增加一个,直至没有可以引入的变量为止。

具体做法:(1)将全部 $m$ 个自变量,分别对因变量 $Y$ 建立 $m$ 个一元线性回归方程,并分别计算这 $m$ 个一元线性回归方程的 $m$ 个回归系数的 $F$ 检验值,记为

$$\{F'_1, F'_2, \cdots, F'_m\}, 记 F'_j = \max(F'_1, F'_2, \cdots, F'_m)$$

给定 $\alpha$,若 $F'_j \geq F_\alpha(1, n-2)$,首先将 $x_j$ 引入回归方程,为了方便,设 $x_j$ 就是 $x_1$。

(2)因变量 $Y$ 分别与 $(x_1, x_2), (x_1, x_3), \cdots, (x_1, x_m)$ 建立 $m-1$ 个二元线性回归方程。对这 $m-1$ 个回归方程中 $x_2, x_3, \cdots, x_m$ 的回归系数进行 $F$ 检验,计算 $F$ 值,记为

$$\{F_2^2, F_3^2, \cdots, F_m^2\}, 记 F_j^2 = \max\{F_2^2, F_3^2, \cdots, F_m^2\}$$

若 $F_j^2 \geq F_\alpha(1, n-3)$,则接着将 $x_j$ 引入回归方程。

(3)依上述方法接着做下去,直至所有未被引入方程的自变量的 $F$ 值均小于 $F_\alpha(1, n-p-1)$ 时为止,这时,得到的回归方程就是最终确定的方程。

### 3. "只出不进"法(或后退法)

与前进法相反,具体做法如下。

(1)用全部 $m$ 个变量建立一个线性回归方程,然后将 $m$ 个变量中选择一个最不重要的变量,将它从方程中剔除,设对 $m$ 个回归系数进行 $F$ 检验,记求得的 $F$ 值为

$$\{F_1^m, F_2^m, \cdots, F_m^m\}, 记 F_j^m = \min\{F_1^m, F_2^m, \cdots, F_m^m\}$$

对给定 $\alpha$,若 $F_j^m \leqslant F_a(1, n-m-1)$,则首先将 $x_j$ 从回归方程中剔除,为了方便,设 $x_j$ 就是 $x_m$。

(2)对剩下的 $m-1$ 个自变量重新建立回归方程,进行回归系数的显著性检验,像(1)中那样计算出 $F_j^{m-1}$,如果又有 $F_j^{m-1} \leqslant F_\alpha(1, n-(m-1)-1)$,则剔除 $x_j$,重新建立 $y$ 关于 $m-2$ 个自变量的回归方程。

(3)依此下去,直至回归方程中所剩余的 $p$ 个自变量的 $F$ 检验值均大于临界值 $F_\alpha(1, n-p-1)$,没有可剔除的自变量为止,这时,得到的回归方程就是最终确定的方程。

4. 逐步回归法

逐步回归的基本思想是有进有出。

基本思想是,对于全部回归变量,按照其对 $Y$ 影响的程度的大小,即 $T_j$ 统计数值的大小,从大到小逐次逐个引入到线性回归方程,每引入一个回归变量后,均对回归系数进行检验,一旦发现作用不显著的回归变量,就剔除,如此往复,直至无法进入新自变量为止。

注:这一方法克服先前3种方法的缺点。

## 5.3 应用案例

【例5.3.1】一元线性回归分析在剔除炮弹不合格品中的应用

某厂在装配某炮弹生产定型批的过程中,发现有一发炮弹的燃烧室管斜肩部被拧断。经用千分尺测量,断裂部位最薄处仅为 0.4mm,图中要求不应小于 3.38mm,如图 5.3.1 所示。该弹燃管斜肩部壁厚超薄属于影响性能的严重缺陷。问题发生以后,该厂当即做出两条决定。

第一,查清原因,采取措施,杜绝生产中重复出现这种缺陷;

第二,剔除已生产出的5000发燃管中超薄的产品。

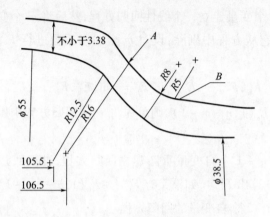

图 5.3.1　燃烧室收敛段的放大图

解决方案：

第一条解决起来比较容易。经工艺检查，发现燃烧室管工艺不合理（系累积公差集中到收敛段），后改进了工艺，并经工艺验证，比较彻底地解决了问题。

第二个问题解决起来难度很大。如果无法剔除其中燃管壁厚超薄的产品，那么产品只能全部报废，将给工厂和国家造成1000多万元的经济损失。显然，在全弹装配完成后再拆开来测量属于破坏性检查，用这种办法进行全检是行不通的。然而，用测厚仪测量其壁厚，所测厚度与实际壁厚值有较大差别，这是因为测厚仪的探头是扁圆形的，不能对 $B$ 部位进行测量。该厂通过反复研究，最后用一元线性回归方程解决了这一难题。

下面来看具体做法，软件实现计算过程见视频：例 5.3.1_SPSS.avi，例 5.3.1_MATLAB.avi，例 5.3.1_Excel.avi。

【解】

1. SPSS 软件实现

1）提出因变量与自变量

因变量 $Y$——$B$ 点实测厚度值；

自变量 $x$——$A$ 点测厚仪所测厚度值。

2）收集数据

在生产定型批 5000 发炮弹中抽取 50 发，先用测厚仪测量出燃烧管的收敛段 $A$ 点的壁厚，然后将这 50 发燃管全部解剖，解剖后用千分尺测量其真实源 $B$ 点的厚度，所得结果均作记录如表 5.3.1 所列。

表 5.3.1 模拟数据

| 序号 | B | A | 序号 | B | A |
| --- | --- | --- | --- | --- | --- |
| 1 | 3.95 | 3.82 | 26 | 5.32 | 5.18 |
| 2 | 5.00 | 4.87 | 27 | 5.36 | 5.24 |
| 3 | 4.98 | 4.82 | 28 | 3.88 | 3.73 |
| 4 | 4.43 | 4.31 | 29 | 4.52 | 4.39 |
| 5 | 2.25 | 2.10 | 30 | 4.27 | 4.13 |
| 6 | 4.32 | 4.18 | 31 | 3.70 | 3.56 |
| 7 | 4.29 | 4.15 | 32 | 4.19 | 4.07 |
| 8 | 3.36 | 3.22 | 33 | 4.99 | 4.86 |
| 9 | 5.08 | 4.95 | 34 | 4.96 | 4.83 |
| 10 | 1.90 | 1.74 | 35 | 3.47 | 3.34 |
| 11 | 4.09 | 3.95 | 36 | 4.21 | 4.07 |
| 12 | 5.01 | 4.87 | 37 | 3.00 | 2.87 |
| 13 | 4.79 | 4.65 | 38 | 4.61 | 4.47 |
| 14 | 5.56 | 5.44 | 39 | 3.25 | 3.14 |
| 15 | 4.51 | 4.38 | 40 | 4.94 | 4.80 |
| 16 | 2.54 | 2.41 | 41 | 5.16 | 5.04 |
| 17 | 4.54 | 4.40 | 42 | 5.47 | 5.35 |
| 18 | 3.70 | 3.56 | 43 | 3.22 | 3.07 |
| 19 | 4.23 | 4.09 | 44 | 4.12 | 3.98 |
| 20 | 4.12 | 3.99 | 45 | 4.33 | 4.18 |
| 21 | 2.06 | 1.91 | 46 | 5.78 | 5.64 |
| 22 | 4.59 | 4.44 | 47 | 3.59 | 3.46 |
| 23 | 5.66 | 5.52 | 48 | 5.12 | 4.98 |
| 24 | 5.00 | 4.86 | 49 | 3.67 | 3.53 |
| 25 | 3.14 | 3.01 | 50 | 3.03 | 2.89 |

3）根据数据画散点图

发现样本数据点大致都分别落在一条直线附近,如图5.3.2所示。

4）设定理论模型

根据散点图,我们用一元线性回归模型去描述$B$点厚度值与$A$点厚度值是合适的。模型为

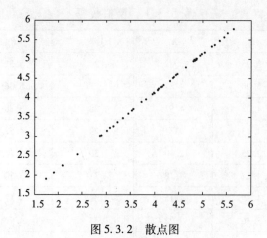

图 5.3.2 散点图

$$Y = \alpha + \beta x + \varepsilon$$

线性回归方程为

$$\hat{Y} = \hat{\alpha} + \hat{\beta} x$$

其中

$$\begin{cases} \hat{\alpha} = \overline{Y} - \hat{\beta}\overline{x} \\ \hat{\beta} = \dfrac{\sum\limits_{i=1}^{n}(x_i - \overline{x})(Y_i - \overline{Y})}{\sum\limits_{i=1}^{n}(x_i - \overline{x})^2} \end{cases}$$

5) 软件计算

用 SPSS 软件计算,输出计算结果,见表 5.3.2 ~ 表 5.3.5。

表 5.3.2 Variables Entered/Removed(b)

| Model | Variables Entered | Variables Removed | Method |
|---|---|---|---|
| 1 | X(a) | . | Enter |

a All requested variables entered;
b Dependent Variable:Y。

表 5.3.3 Model Summary

| Model | R | R Square | Adjusted R Square | Std. Error of the Estimate |
|---|---|---|---|---|
| 1 | 1.000(a) | 1.000 | 1.000 | 0.0107897604 |

a Predictors:(Constant),X。

表 5.3.4　ANOVA(b)

| Model | | Sum of Squares | df | Mean Square | F | Sig. |
|---|---|---|---|---|---|---|
| 1 | Regression | 43.349 | 1 | 43.349 | 372353.513 | 0.000(a) |
| | Residual | 0.006 | 48 | 0.000 | | |
| | Total | 43.355 | 49 | | | |

a　Predictors:(Constant),X;
b　Dependent Variable:Y。

表 5.3.5　Coefficients(a)

| Model | | Unstandardized Coefficients | | Standardized Coefficients | t | Sig. |
|---|---|---|---|---|---|---|
| | | B | Std. Error | Beta | | |
| 1 | (Constant) | 0.150 | 0.007 | | 21.831 | 0.000 |
| | X | 0.997 | 0.002 | 1.000 | 610.208 | 0.000 |

a　Dependent Variable:Y。

6)回归诊断,分析输出结果

(1)从 Model Summary 表中看到,回归标准差为

$$\hat{\sigma}^{*2} = \frac{\sum_{i=1}^{n}(Y_i - \hat{Y}_i)^2}{n-2} = 0.0107897604$$

(2)从 ANOVA 方差分析表中看到 $F = 372353.513$,显著性 Sig. 约为 0.000,说明 $Y$ 对 $x$ 的线性回归高度显著。

(3)从 Coefficients 系数表中得到回归方程为

$$\hat{Y} = \hat{\alpha} + \hat{\beta}x = 0.150 + 0.997 \cdot x$$

回归系数 $\beta$ 检验的 $t$ 值为 610.208,显著性 sig. 约为 0.000,与 $F$ 检验的结果一致。

(4)残差分析

由图 5.3.3 看到,所有的点都在 $-0.03 \sim 0.03$ 之间,没有异常值,回归模型满足基本假设,可以放心地应用回归模型。

7)模型的应用

用一元线性回归求出控制下限,然后将燃管收敛段壁厚测量值小于等于下限控制值的产品全部剔除。用测厚仪对 5000 发炮弹的燃管壁厚进行全部测量,并记录所得数据。

对于给定的 $x_0$,显著性水平 $\alpha = 0.003$,$Y_0$ 的置信水平为 0.997 的预测区间为

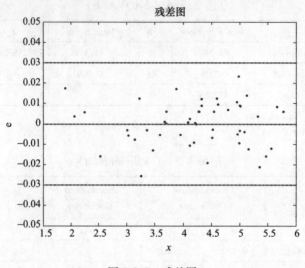

图 5.3.3 残差图

$$(\hat{Y}_0 - z_{\alpha/2}\hat{\sigma}^*, \hat{Y}_0 + z_{\alpha/2}\hat{\sigma}^*) = (\hat{Y}_0 - 3\hat{\sigma}^*, \hat{Y}_0 + 3\hat{\sigma}^*)$$

当 $x$ 取值变化时，$Y$ 的预测区间的上、下限是两条平行于回归直线的直线：

$$A: \quad y_1(x) = \hat{Y} - 3\hat{\sigma}^*$$

$$C: \quad y_2(x) = \hat{Y} + 3\hat{\sigma}^*$$

如图 5.3.4 所示。

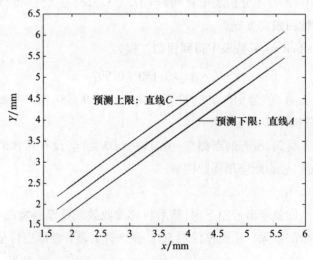

图 5.3.4 预测上、下限

由此,可以预测有99.7%的值落在直线$A$和$C$所夹区域中。由于我们只需剔除壁厚较薄的产品,所以壁厚超过上限者不予考虑。可以预测有99.85%的$Y$值落在$A$直线的上方,由此算出的控制限错判概率只有0.15%。

由软件计算结果可得

$$\hat{\sigma}^{*2} = \frac{\sum_{i=1}^{n}(Y_i - \hat{Y}_i)^2}{n-2} = 0.0107897604, \hat{\sigma}^* = 0.1039$$

所以,当$x_0 = 4$时,有

$$\hat{Y}_0 = \hat{\alpha} + \hat{\beta}x_0 = 0.150 + 0.997 \times 4 = 4.1380$$

$$y_1(x) = \hat{Y}_0 - 3\hat{\sigma}^* = 4.1380 - 3 \times 0.1039 = 3.8263$$

$$y_2(x) = \hat{Y}_0 + 3\hat{\sigma}^* = 4.1380 + 3 \times 0.1039 = 4.47769$$

这说明,当燃管收敛段壁厚实际尺寸为4mm时,其最后计算值以99.7%的概率落在3.8263~4.47769mm之间,以99.85%的概率落在3.8263mm~∞之间。

当要求实际壁厚控制在3.38mm以上时,由下式

$$\hat{Y}_0 = \hat{\alpha} + \hat{\beta}x_0 - 3\hat{\sigma}^*$$

带入数据得

$$3.38 = 0.150 - 0.997x$$

则

$$x = 3.5406$$

这样,只要把测厚仪所测壁厚为3.5406mm以下的炮弹剔除,就可以做到以0.9985的概率保证产品的质量,也就是错判风险概率只有0.15。为保险起见,我们决定把壁厚测量值小于3.7mm的炮弹全部剔除,此时错判概率可以小于0.1%,做到了安全可靠。

我们以上述计算和分析为依据,在剔除壁厚测量值为3.7mm以下的炮弹后,把其余炮弹按产品图、技术条件验收出厂,从而顺利地解决了剔除该炮弹生产定型批中不合格的重大难题。

## 2. MATLAB软件实现

MATLAB程序:

```
Load a.txt
y = a(:,1);
```

x1 = a(:,2);

x = [ones(size(x1))x1];(如果是两个未知量 x1,x2,则 x = [ones(size(x1))x1 x2 x1.*x2])

[b,bint,r,rint,stats] = regress(y,x)

说明:输出向量 b,bint 为回归系数 $\alpha,\beta$ 的估计值和它们的置信区间;r,rint 为残差及其置信区间;stats 是用于检验回归模型的统计量,有 3 个值:第一个是 $R^2$,其中 $R$ 是相关系数;第二个是 $F$ 统计量值;第三个是与统计量 $F$ 对应的概率 $P$,当 $P$ 小于显著性水平(取 0.05)时就拒绝原假设 $H_0$,回归模型通过 $F$ 检验。运行结果如图 5.3.5 所示,$\alpha = 0.2028$,$\beta = 0.9842$(这里结果和前面有些差别,这是因为模拟数据我们做了微小的改动。),$P = 0$,小于显著性水平,所以回归模型成立。

图 5.3.5　MATLAB 运行结果界面

用 MATLAB 实现回归分析,也可以自己编程,代码如下:

```
clc
clear all
format long g
load a.txt
x0 = a(:,2);
y0 = a(:,1);
[p,s] = polyfit(x0,y0,1);
```

```
a = p(2)
b = p(1)
Yi = polyval(p,x0,s);
Sn = std(x0,1);
m = (y0 - Yi).*(y0 - Yi);
o = mean((y0 - Yi).*(y0 - Yi));
n = length(y0);
q = sqrt(o/(n - 2));
T = b* Sn/q
polytool(x0,y0,1)
[y1,delta1] = polyconf(p,6800,s);
y1
delta1
[y1 - delta1,y1 + delta1]
```

运行结果如图 5.3.6 所示。

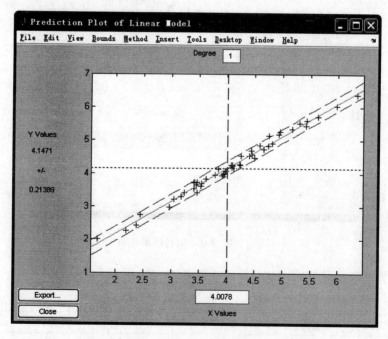

图 5.3.6 变量选择对话框

3. Excel 软件实现:工具 – 数据分析 – 回归

"变量选择"对话框和运行界面如图 5.3.7 和图 5.3.8 所示。

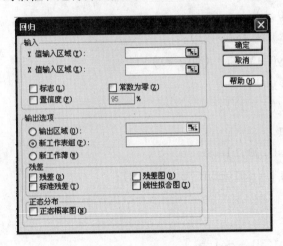

图 5.3.7 "变量选择"对话框

图 5.3.8 Excel 运行结果界面

计算结果和用 MATLAB 计算的结果完全一致,见表 5.3.6。

表 5.3.6

| | Coefficien | 标准误差 | t Stat | Pvalue | Lower 95% | Upper 95% | 下限 95.0% | 上限 95.0% |
|---|---|---|---|---|---|---|---|---|
| Intercept | 0.2028 | 0.066364 | 3.055891 | 0.003659 | 0.069367 | 0.336233 | 0.069367 | 0.336233 |
| X Variabl | 0.98415 | 0.015875 | 61.99469 | $1.77 \times 10^{-47}$ | 0.952236 | 1.016072 | 0.952236 | 1.016072 |

**4. R 软件实现**

x <- c(3.95,5,4.98,4.43,2.25,4.32,4.29,3.36,5.08,1.9,4.09,5.01,4.79,5.56,4.51,2.54,4.54,3.7,4.23,4.12,2.06,4.59,5.66,5,3.14,5.32,5.36,3.88,4.52,4.27,3.7,4.19,4.99,4.96,3.47,4.21,3,4.61,3.25,4.94,5.16,5.47,3.22,4.12,4.33,5.78,3.59,5.12,3.67,3.03)

Y <- c(3.82,4.87,4.82,4.31,2.1,4.18,4.15,3.22,4.95,1.74,3.95,4.87,4.65,5.44,4.38,2.41,4.4,3.56,4.09,3.99,1.91,4.44,5.52,4.86,3.01,5.18,5.24,3.73,4.39,4.13,3.56,4.07,4.86,4.83,3.34,4.07,2.87,4.47,3.14,4.8,5.04,5.35,3.07,3.98,4.18,5.64,3.46,4.98,3.53,2.89)

plot(Y,x)
cor(Y,x)
fit <- lm(Y ~ x)
summary(fit)

运行结果:

Call:
lm(formula = Y ~ x)
Residuals:
```
     Min        1Q     Median        3Q       Max
-0.025830  -0.005911  -0.002624  0.007088  0.029281
```

Coefficients:
```
             Estimate  Std.Error  t value  Pr(>|t|)
(Intercept) -0.148883  0.006687  -22.27   <2e-16 ***
x            1.002954  0.001545  648.97   <2e-16 ***
```
⋮

Signif.codes: 0 '***' 0.001 '**' 0.01 '*' 0.05 '.' 0.1 ' ' 1
Residual standard error:0.01018 on 48 degrees of freedom
Multiple R-squared: 0.9999,    Adjusted R-squared: 0.9999

F-statistic:4.212e+05 on 1 and 48 DF, p-value: < 2.2e-16

结果表明:①常数项和一次项均在显著性水平 0.001 下通过了显著性检验,可以作为回归变量;②决定系数与调整后的决定系数为 0.9999,F 值为 4.212e+05,$p$ 值小于 2.2e-16 说明一元回归模型拟合优度良好,通过了 F 检验,可作为实测厚度值与测厚仪所测厚度值的关系模型。

5. Python 软件实现

Python 程序:

```
from scipy import stats
y0 = [3.95,5.00,…,3.03]
x0 = [3.82,4.87,…,2.89]
print(stats.linregress(x0,y0))
```

运行结果:

LinregressResult(slope=0.9969406344313406,intercept=0.14890913339371349,rvalue=0.999943019120288,pvalue=2.63635532666598077e-96,stderr=0.0015361966453802448)

说明:slope 和 intercept 为估计的斜率和截距;rvalue 为 Pearson 相关系数;pvalue 为斜率为 0 的双边 $t$ 检验的 $p$ 值;stderr 为标准误差。由运行结果可见,pvalue 接近于 0,小于显著性水平(这里取 0.05),所以回归模型成立。

用 Python 自己编程实现回归分析,代码如下:

```
from math import sqrt
import numpy as np
import matplotlib.pyplot as plt
y0 = [3.95,5.00,…,3.03]
x0 = [3.82,4.87,…,2.89]
p = np.polyfit(x0,y0,1)
s = np.poly1d(p)
a,b = p
yi = np.polyval(p,x0)
sn = np.std(x0,ddof=0)
n = len(y0)
r = y0 - yi
```

```
m = r* r
o = np.mean(m)
q = sqrt(n* o/(n-2))
plt.plot(x0,yi,color = 'green',alpha = 0.6,lw = 0.2)
plt.scatter(x0,y0,marker = '+')
plt.plot(x0,yi -3* q,'r - - ',lw = 0.2)
plt.plot(x0,yi +3* q,'r - - ',lw = 0.2)
plt.show()
```

运行结果如图 5.3.9 所示。

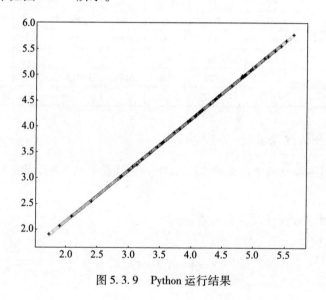

图 5.3.9　Python 运行结果

【例 5.3.2】应用二元回归分析法分析某种破甲弹弹重偏差和点火距离差对全弹纵向散布的影响。

## 1. 分析目的

根据弹道学的基本理论和以往的经验,我们定性地知道弹重偏差、点火距离偏差和其他因素对弹的纵向散布有影响。在某破甲弹散布精度试验中我们发现,弹重的不一致性和点火具的点火距离不一致对弹的纵向散布影响十分明显。为了定量地掌握弹重偏差和点火距离偏差对弹的纵向散布的影响和相互关系,从而对上述因素进行合理控制和有机匹配,我们进行了统计分析。

2. 试验数据的收集和整理

试验数据取自产品验收,将其整理后填入表5.3.7中。

表5.3.7 试验数据

| 弹号 | 弹重偏差 $X_1$/g | 点火距离 $X_2$/g | 纵向散布 $Y$/cm | $X_1X_2$ | $X_2Y_2$ | $Y_2$ | $X_1Y$ | $X_2Y$ | $X_1X_2$ |
|---|---|---|---|---|---|---|---|---|---|
| 1 | 20 | 38 | −61 | 400 | 1444 | 3721 | | | |
| 2 | −17 | 40 | 20 | 289 | 1600 | 1600 | | | |
| 3 | −10 | 42 | −55 | 100 | 1764 | 3025 | | | |
| 4 | 14 | 37 | −17 | 196 | 1369 | 289 | | | |
| 5 | −8 | 38 | 27 | 64 | 1444 | 729 | | | |
| 6 | 14 | 40 | −80 | 196 | 1600 | 6400 | | | |
| 7 | 11 | 39 | −43 | 121 | 1521 | 1849 | | | |
| ∑ | 24 | 274 | −209 | 1366 | 10742 | 16413 | −3057 | −8308 | 863 |
| ∑/n | 3.429 | 39.143 | −29.85 | | | | | | |

3. 选定分析方法并进行分析

由于本问题涉及两个自变量 $X_1$、$X_2$ 对一个因素 $Y$ 的影响,因此我们选用二元回归分析法。

1) 选定回归方程并计算有关数据

令
$$Y = A + B_1X_1 + B_2X_2$$

容易算得

$$\begin{cases} L_{00} = \sum Y^2 - (\sum Y)^2/n = 16313 - 6240 = 10173 \\ L_{11} = \sum X_1^2 - (\sum X_1)^2/n = 1366 - 823 = 1283.7 \\ L_{22} = \sum X_2^2 - (\sum X_2)^2/n = 10742 - 10725 = 16.86 \\ L_{12} = \sum X_1X_2 - (\sum X_1)(\sum X_2)/n = 863 - 939.4 = -76.43 \\ L_{10} = \sum X_1Y - (\sum X_1)(\sum Y)/n = -3057 + 716.6 = -2340 \\ L_{20} = \sum X_2Y - (\sum X_2)(\sum Y)/n = -8303 + 8180.9 = -127 \end{cases}$$

2) 确定回归方程

利用公式算出回归系数 $A, B_1, B_2$ 分别为 $A = 827.4, B_1 = -3.11, B_2 = -21.63$。

故回归方程为
$$Y = 827.4 - 3.11X_1 - 21.63X_2$$

3) 求相关系数

此回归方程是否反映具体规律,还必须用相关系数来验证(主要还是靠时间来检验)。容易求得

$$R = \sqrt{\frac{S_{回}}{L_{00}}} = \sqrt{\frac{B_1 L_{10} + B_2 L_{20}}{L_{00}}}$$

$$= \sqrt{\frac{(-3.11)(-2340) + (-21.63)(-127)}{10173}}$$

$$= 0.993$$

这说明两者是密切相关的。

4) 找主要矛盾

弹重偏差和点火距离偏差都影响弹的纵向散布。这两个影响是一样的还是不一样的?如果不一样,哪个影响更大一些?直观的想法是比较回归系数 $B_1$ 和 $B_2$,我们采用比较"标准回归系数"的方法。结果表明,弹重偏差较之点火距离偏差对纵向散布影响更大。

这里需指出,上述结论是从产品抽样中两因素波动情况对纵向散布的影响作出的,它说明了影响精度的因素主要来自弹重偏差。

如果点火距离偏差偏大,从回归系数比较来看,其每一个单位的增大对散布的影响要比弹重偏差每一单位的增大对散布的影响大得多。

**4. 根据分析结论,采取控制措施**

回归方程表明,弹的纵向散布与点火具的点火距离和弹重的关系为

$$Y = 827.4 - 3.11X_1 - 21.63X_2$$

按技术标准,点火距离的规定值为 3664.2m,弹重差的规定值为 ±36g。

由方程来分析,如果弹重每增加 1g,纵向散布就向下方 3.11 个单位;每减少 1g,散布就向上方 3.11 个单位;点火距离每增加 1m,散布就向下方 21.63 个单位;若将点火具的标准点火距离定为 38m,则弹重差控制在 0 ~ -2g 为最佳匹配。若点火距离为 3637m,则弹重差应为 9g ~ 15.7g 为最佳匹配。若点火距离在 3942m,则弹重差应为 -5.2g ~ -26.1g 为最佳匹配。可见控制点火具的点火距离与弹重的匹配是保证纵向散布的关键。

控制方法:在每批产品装配前结合强度试验将匹配的点火具进行点火距离的

摸底,待掌握点火距离数据后确定弹重匹配。

## 5. 效果验证

5-I-90 批产品使用两批点火具,一批点火具的点火距离为 3638m,另一批为 3841m。将正的弹重偏差匹配点火距离为 3638m 的点火具,把负的弹重偏差匹配点火距为 3341 的点火具。最后得到纵向 $X$ 方向的射击散布精度为 $0.14 \times 0.07$。

SPSS 软件实现:

| 序号 | $x1$ | $x2$ | $y$ |
|---|---|---|---|
| 1 | 20.00 | 38.00 | -61.00 |
| 2 | -17.00 | 40.00 | 20.00 |
| 3 | -10.00 | 42.00 | -55.00 |
| 4 | 14.00 | 37.00 | -17.00 |
| 5 | -8.00 | 38.00 | 27.00 |
| 6 | 14.00 | 40.00 | -80.00 |
| 7 | 11.00 | 39.00 | -43.00 |

Variables Entered/Removed(b)

| Model | Variables Entered | Variables Removed | Method |
|---|---|---|---|
| 1 | X2,X1(a) | . | Enter |

a All requested variables entered;
b Dependent Variable:Y。

Model Summary

| Model | R | R Square | Adjusted R Square | Std. Error of the Estimate |
|---|---|---|---|---|
| 1 | 0.993(a) | 0.987 | 0.980 | 5.82095 |

a Predictors:(Constant),X2,X1。

ANOVA(b)

| Model | | Sum of Squares | df | Mean Square | F | Sig. |
|---|---|---|---|---|---|---|
| 1 | Regression | 10037.323 | 2 | 5018.662 | 148.115 | 0.000(a) |
| | Residual | 135.534 | 4 | 33.884 | | |
| | Total | 10172.857 | 6 | | | |

a Predictors:(Constant),X2,X1;
b Dependent Variable:Y。

Coefficients(a)

| Model | | Unstandardized Coefficients | | Standardized Coefficients | t | Sig. |
|---|---|---|---|---|---|---|
| | | B | Std. Error | Beta | | |
| 1 | (Constant) | 828.392 | 65.327 | | 12.681 | 0.000 |
| | X1 | -3.112 | 0.190 | -1.106 | -16.369 | 0.000 |
| | X2 | -21.653 | 1.659 | -0.881 | -13.050 | 0.000 |

a Dependent Variable:Y。

结果与计算结果一致。

R 软件实现：

x <- c(3.95,5,4.98,4.43,2.25,4.32,4.29,3.36,5.08,1.9,4.09,
5.01,4.79,5.56,4.51,2.54,4.54,3.7,4.23,4.12,2.06,4.59,5.66,5,
3.14,5.32,5.36,3.88,4.52,4.27,3.7,4.19,4.99,4.96,3.47,4.21,3,
4.61,3.25,4.94,5.16,5.47,3.22,4.12,4.33,5.78,3.59,5.12,3.67,
3.03)

Y <- c(3.82,4.87,4.82,4.31,2.1,4.18,4.15,3.22,4.95,1.74,
3.95,4.87,4.65,5.44,4.38,2.41,4.4,3.56,4.09,3.99,1.91,4.44,5.52,
4.86,3.01,5.18,5.24,3.73,4.39,4.13,3.56,4.07,4.86,4.83,3.34,
4.07,2.87,4.47,3.14,4.8,5.04,5.35,3.07,3.98,4.18,5.64,3.46,4.98,
3.53,2.89)

fit <- lm(Y ~ x)

summary(fit)

运行结果：

Call:

lm(formula = Y ~ x)

Residuals:

  Min  1Q  Median  3Q  Max

-0.025830 -0.005911 -0.002624 0.007088 0.029281

Coefficients:

    Estimate Std. Error t value Pr(>|t|)

(Intercept) -0.148883 0.006687 -22.27 <2e-16 ***

| x | 1.002954 | 0.001545 | 648.97 | <2e-16 *** |

---

Signif.codes:0 '\*\*\*' 0.001 '\*\*' 0.01 '\*' 0.05 '.' 0.1 ' ' 1

Residual standard error:0.01018 on 48 degrees of freedom
Multiple R-squared:0.9999,Adjusted R-squared:0.9999
F-statistic:4.212e+05 on 1 and 48 DF,p-value: < 2.2e-16

结果表明：①常数项和一次项均在显著性水平 0.001 下通过了显著性检验，可以作为回归变量；②决定系数与调整后的决定系数为 0.9999，F 值为 4.212e+05，$p$ 值 $< 2.2e-16$ 说明一元回归模型拟合优度良好，通过了 F 检验，可作为实测厚度值与测厚仪所测厚度值的关系模型。

```
x1 <- c(20,-17,-10,14,-8,14,11)
x2 <- c(38,40,42,37,38,40,39)
Y <- c(-61,20,-55,-17,27,-80,-43)
fit <- lm(Y ~ x1 + x2)
summary(fit)
```

Call:
lm(formula = Y ~ x1 + x2)

Residuals:
| 1 | 2 | 3 | 4 | 5 | 6 | 7 |
|---|---|---|---|---|---|---|
| -4.3135 | 4.8363 | -5.0703 | -0.6411 | -3.4594 | 1.3193 | 7.3287 |

Coefficients:
| | Estimate | Std. Error | t value | Pr(>\|t\|) | |
|---|---|---|---|---|---|
| (Intercept) | 828.3923 | 65.3274 | 12.68 | 0.000223 | *** |
| x1 | -3.1124 | 0.1901 | -16.37 | 8.15e-05 | *** |
| x2 | -21.6535 | 1.6593 | -13.05 | 0.000199 | *** |

⋮

Signif.codes:0 '\*\*\*' 0.001 '\*\*' 0.01 '\*' 0.05 '.' 0.1 ' ' 1

Residual standard error:5.821 on 4 degrees of freedom
Multiple R-squared:0.9867,Adjusted R-squared:0.98
F-statistic:148.1 on 2 and 4 DF,p-value:0.0001775

结果表明:①常数项和一次项均在显著性水平 0.001 下通过了显著性检验,可以作为回归变量;②决定系数与调整后的决定系数分别为 0.9867 和 0.98,说明回归模型拟合优度良好;③F 值为 148,$p$ 值为 0.0001775,说明回归模型通过了 F 检验,可作为弹重偏差、点火距离与纵向散布的关系模型。

# 附 录

## 附表1 标准正态分布表

$$\Phi(z) = \int_{-\infty}^{z} \frac{1}{\sqrt{2\pi}} e^{-u^2/2} du = P\{Z \leq z\}$$

| z | 0 | 1 | 2 | 3 | 4 | 5 | 6 | 7 | 8 | 9 |
|---|---|---|---|---|---|---|---|---|---|---|
| -3.0 | 0.0013 | 0.0010 | 0.0007 | 0.0005 | 0.0003 | 0.0002 | 0.0002 | 0.0001 | 0.0001 | 0.0000 |
| -2.9 | 0.0019 | 0.0018 | 0.0018 | 0.0017 | 0.0016 | 0.0016 | 0.0015 | 0.0015 | 0.0014 | 0.0014 |
| -2.8 | 0.0026 | 0.0025 | 0.0024 | 0.0023 | 0.0023 | 0.0022 | 0.0021 | 0.0021 | 0.0020 | 0.0019 |
| -2.7 | 0.0035 | 0.0034 | 0.0033 | 0.0032 | 0.0031 | 0.0030 | 0.0029 | 0.0028 | 0.0027 | 0.0026 |
| -2.6 | 0.0047 | 0.0045 | 0.0044 | 0.0043 | 0.0041 | 0.0040 | 0.0039 | 0.0038 | 0.0037 | 0.0036 |
| -2.5 | 0.0062 | 0.0060 | 0.0059 | 0.0057 | 0.0055 | 0.0054 | 0.0052 | 0.0051 | 0.0049 | 0.0048 |
| -2.4 | 0.0082 | 0.0080 | 0.0078 | 0.0075 | 0.0073 | 0.0071 | 0.0069 | 0.0068 | 0.0066 | 0.0064 |
| -2.3 | 0.0107 | 0.0104 | 0.0102 | 0.0099 | 0.0096 | 0.0094 | 0.0091 | 0.0089 | 0.0087 | 0.0084 |
| -2.2 | 0.0139 | 0.0136 | 0.0132 | 0.0129 | 0.0125 | 0.0122 | 0.0119 | 0.0116 | 0.0113 | 0.0110 |
| -2.1 | 0.0179 | 0.0174 | 0.0170 | 0.0166 | 0.0162 | 0.0158 | 0.0154 | 0.0150 | 0.0146 | 0.0143 |
| -2.0 | 0.0228 | 0.0222 | 0.0217 | 0.0212 | 0.0207 | 0.0202 | 0.0197 | 0.0192 | 0.0188 | 0.0183 |
| -1.9 | 0.0287 | 0.0281 | 0.0274 | 0.0268 | 0.0262 | 0.0256 | 0.0250 | 0.0244 | 0.0239 | 0.0233 |
| -1.8 | 0.0359 | 0.0351 | 0.0344 | 0.0336 | 0.0329 | 0.0322 | 0.0314 | 0.0307 | 0.0301 | 0.0294 |
| -1.7 | 0.0446 | 0.0436 | 0.0427 | 0.0418 | 0.0409 | 0.0401 | 0.0392 | 0.0384 | 0.0375 | 0.0367 |
| -1.6 | 0.0548 | 0.0537 | 0.0526 | 0.0516 | 0.0505 | 0.0495 | 0.0485 | 0.0475 | 0.0465 | 0.0455 |

续表

| z | 0 | 1 | 2 | 3 | 4 | 5 | 6 | 7 | 8 | 9 |
|---|---|---|---|---|---|---|---|---|---|---|
| -1.5 | 0.0668 | 0.0655 | 0.0643 | 0.0630 | 0.0618 | 0.0606 | 0.0594 | 0.0582 | 0.0571 | 0.0559 |
| -1.4 | 0.0808 | 0.0793 | 0.0778 | 0.0764 | 0.0749 | 0.0735 | 0.0721 | 0.0708 | 0.0694 | 0.0681 |
| -1.3 | 0.0968 | 0.0951 | 0.0934 | 0.0918 | 0.0901 | 0.0885 | 0.0869 | 0.0853 | 0.0838 | 0.0823 |
| -1.2 | 0.1151 | 0.1131 | 0.1112 | 0.1093 | 0.1075 | 0.1056 | 0.1038 | 0.1020 | 0.1003 | 0.0985 |
| -1.1 | 0.1357 | 0.1335 | 0.1314 | 0.1292 | 0.1271 | 0.1251 | 0.1230 | 0.1210 | 0.1190 | 0.1170 |
| -1.0 | 0.1587 | 0.1562 | 0.1539 | 0.1515 | 0.1492 | 0.1469 | 0.1446 | 0.1423 | 0.1401 | 0.1379 |
| -0.9 | 0.1841 | 0.1814 | 0.1788 | 0.1762 | 0.1736 | 0.1711 | 0.1685 | 0.1660 | 0.1635 | 0.1611 |
| -0.8 | 0.2119 | 0.2090 | 0.2061 | 0.2033 | 0.2005 | 0.1977 | 0.1949 | 0.1922 | 0.1894 | 0.1867 |
| -0.7 | 0.2420 | 0.2389 | 0.2358 | 0.2327 | 0.2296 | 0.2266 | 0.2236 | 0.2206 | 0.2177 | 0.2148 |
| -0.6 | 0.2743 | 0.2709 | 0.2676 | 0.2643 | 0.2611 | 0.2578 | 0.2546 | 0.2514 | 0.2483 | 0.2451 |
| -0.5 | 0.3085 | 0.3050 | 0.3015 | 0.2981 | 0.2946 | 0.2912 | 0.2877 | 0.2843 | 0.2810 | 0.2776 |
| -0.4 | 0.3446 | 0.3409 | 0.3372 | 0.3336 | 0.3300 | 0.3264 | 0.3228 | 0.3192 | 0.3156 | 0.3121 |
| -0.3 | 0.3821 | 0.3783 | 0.3745 | 0.3707 | 0.3669 | 0.3632 | 0.3594 | 0.3557 | 0.3520 | 0.3483 |
| -0.2 | 0.4207 | 0.4168 | 0.4129 | 0.4090 | 0.4052 | 0.4013 | 0.3974 | 0.3936 | 0.3897 | 0.3859 |
| -0.1 | 0.4602 | 0.4562 | 0.4522 | 0.4483 | 0.4443 | 0.4404 | 0.4364 | 0.4325 | 0.4286 | 0.4247 |
| 0.0 | 0.5000 | 0.4960 | 0.4920 | 0.4880 | 0.4840 | 0.4801 | 0.4761 | 0.4721 | 0.4681 | 0.4641 |
| 0.0 | 0.5000 | 0.5040 | 0.5080 | 0.5120 | 0.5160 | 0.5199 | 0.5239 | 0.5279 | 0.5319 | 0.5359 |
| 0.1 | 0.5398 | 0.5438 | 0.5478 | 0.5517 | 0.5557 | 0.5596 | 0.5636 | 0.5675 | 0.5714 | 0.5753 |
| 0.2 | 0.5793 | 0.5832 | 0.5871 | 0.5910 | 0.5948 | 0.5987 | 0.6026 | 0.6064 | 0.6103 | 0.6141 |
| 0.3 | 0.6179 | 0.6217 | 0.6255 | 0.6293 | 0.6331 | 0.6368 | 0.6406 | 0.6443 | 0.6480 | 0.6517 |
| 0.4 | 0.6554 | 0.6591 | 0.6628 | 0.6664 | 0.6700 | 0.6736 | 0.6772 | 0.6808 | 0.6844 | 0.6879 |
| 0.5 | 0.6915 | 0.6950 | 0.6985 | 0.7019 | 0.7054 | 0.7088 | 0.7123 | 0.7157 | 0.7190 | 0.7224 |
| 0.6 | 0.7257 | 0.7291 | 0.7324 | 0.7357 | 0.7389 | 0.7422 | 0.7454 | 0.7486 | 0.7517 | 0.7549 |
| 0.7 | 0.7580 | 0.7611 | 0.7642 | 0.7673 | 0.7704 | 0.7734 | 0.7764 | 0.7794 | 0.7823 | 0.7852 |
| 0.8 | 0.7881 | 0.7910 | 0.7939 | 0.7967 | 0.7995 | 0.8023 | 0.8051 | 0.8078 | 0.8106 | 0.8133 |
| 0.9 | 0.8159 | 0.8186 | 0.8212 | 0.8238 | 0.8264 | 0.8289 | 0.8315 | 0.8340 | 0.8365 | 0.8389 |
| 1.0 | 0.8413 | 0.8438 | 0.8461 | 0.8485 | 0.8508 | 0.8531 | 0.8554 | 0.8577 | 0.8599 | 0.8621 |
| 1.1 | 0.8643 | 0.8665 | 0.8686 | 0.8708 | 0.8729 | 0.8749 | 0.8770 | 0.8790 | 0.8810 | 0.8830 |
| 1.2 | 0.8849 | 0.8869 | 0.8888 | 0.8907 | 0.8925 | 0.8944 | 0.8962 | 0.8980 | 0.8997 | 0.9015 |

续表

| z | 0 | 1 | 2 | 3 | 4 | 5 | 6 | 7 | 8 | 9 |
|---|---|---|---|---|---|---|---|---|---|---|
| 1.3 | 0.9032 | 0.9049 | 0.9066 | 0.9082 | 0.9099 | 0.9115 | 0.9131 | 0.9147 | 0.9162 | 0.9177 |
| 1.4 | 0.9192 | 0.9207 | 0.9222 | 0.9236 | 0.9251 | 0.9265 | 0.9279 | 0.9292 | 0.9306 | 0.9319 |
| 1.5 | 0.9332 | 0.9345 | 0.9357 | 0.9370 | 0.9382 | 0.9394 | 0.9406 | 0.9418 | 0.9429 | 0.9441 |
| 1.6 | 0.9452 | 0.9463 | 0.9474 | 0.9484 | 0.9495 | 0.9505 | 0.9515 | 0.9525 | 0.9535 | 0.9545 |
| 1.7 | 0.9554 | 0.9564 | 0.9573 | 0.9582 | 0.9591 | 0.9599 | 0.9608 | 0.9616 | 0.9625 | 0.9633 |
| 1.8 | 0.9641 | 0.9649 | 0.9656 | 0.9664 | 0.9671 | 0.9678 | 0.9686 | 0.9693 | 0.9699 | 0.9706 |
| 1.9 | 0.9713 | 0.9719 | 0.9726 | 0.9732 | 0.9738 | 0.9744 | 0.9750 | 0.9756 | 0.9761 | 0.9767 |
| 2.0 | 0.9772 | 0.9778 | 0.9783 | 0.9788 | 0.9793 | 0.9798 | 0.9803 | 0.9808 | 0.9812 | 0.9817 |
| 2.1 | 0.9821 | 0.9826 | 0.9830 | 0.9834 | 0.9838 | 0.9842 | 0.9846 | 0.9850 | 0.9854 | 0.9857 |
| 2.2 | 0.9861 | 0.9864 | 0.9868 | 0.9871 | 0.9875 | 0.9878 | 0.9881 | 0.9884 | 0.9887 | 0.9890 |
| 2.3 | 0.9893 | 0.9896 | 0.9898 | 0.9901 | 0.9904 | 0.9906 | 0.9909 | 0.9911 | 0.9913 | 0.9916 |
| 2.4 | 0.9918 | 0.9920 | 0.9922 | 0.9925 | 0.9927 | 0.9929 | 0.9931 | 0.9932 | 0.9934 | 0.9936 |
| 2.5 | 0.9938 | 0.9940 | 0.9941 | 0.9943 | 0.9945 | 0.9946 | 0.9948 | 0.9949 | 0.9951 | 0.9952 |
| 2.6 | 0.9953 | 0.9955 | 0.9956 | 0.9957 | 0.9959 | 0.9960 | 0.9961 | 0.9962 | 0.9963 | 0.9964 |
| 2.7 | 0.9965 | 0.9966 | 0.9967 | 0.9968 | 0.9969 | 0.9970 | 0.9971 | 0.9972 | 0.9973 | 0.9974 |
| 2.8 | 0.9974 | 0.9975 | 0.9976 | 0.9977 | 0.9977 | 0.9978 | 0.9979 | 0.9979 | 0.9980 | 0.9981 |
| 2.9 | 0.9981 | 0.9982 | 0.9982 | 0.9983 | 0.9984 | 0.9984 | 0.9985 | 0.9985 | 0.9986 | 0.9986 |
| 3.0 | 0.9987 | 0.9990 | 0.9993 | 0.9995 | 0.9997 | 0.9998 | 0.9998 | 0.9999 | 0.9999 | 1.0000 |

## 附表2 $\chi^2$分布表

$$P\{\chi^2(n) > \chi^2_\alpha(n)\} = \alpha$$

| n | α | | | | | |
|---|---|---|---|---|---|---|
|  | 0.995 | 0.99 | 0.975 | 0.95 | 0.90 | 0.75 |
| 1 | — | — | 0.001 | 0.004 | 0.016 | 0.102 |
| 2 | 0.010 | 0.020 | 0.051 | 0.103 | 0.211 | 0.575 |
| 3 | 0.072 | 0.115 | 0.216 | 0.352 | 0.584 | 1.213 |

续表

| n | α | | | | | |
|---|---|---|---|---|---|---|
| | 0.995 | 0.99 | 0.975 | 0.95 | 0.90 | 0.75 |
| 4 | 0.207 | 0.297 | 0.484 | 0.711 | 1.064 | 1.923 |
| 5 | 0.412 | 0.554 | 0.831 | 1.145 | 1.610 | 2.675 |
| 6 | 0.676 | 0.872 | 1.237 | 1.635 | 2.204 | 3.455 |
| 7 | 0.989 | 1.239 | 1.690 | 2.167 | 2.833 | 4.255 |
| 8 | 1.344 | 1.646 | 2.180 | 2.733 | 3.490 | 5.071 |
| 9 | 1.735 | 2.088 | 2.700 | 3.325 | 4.168 | 5.899 |
| 10 | 2.156 | 2.558 | 3.247 | 3.940 | 4.865 | 6.737 |
| 11 | 2.603 | 3.053 | 3.816 | 4.575 | 5.578 | 7.584 |
| 12 | 3.074 | 3.571 | 4.404 | 5.226 | 6.304 | 8.438 |
| 13 | 3.565 | 4.107 | 5.009 | 5.892 | 7.042 | 9.299 |
| 14 | 4.075 | 4.660 | 5.629 | 6.571 | 7.790 | 10.165 |
| 15 | 4.601 | 5.229 | 6.262 | 7.261 | 8.547 | 11.037 |
| 16 | 5.142 | 5.812 | 6.908 | 7.962 | 9.312 | 11.912 |
| 17 | 5.697 | 6.408 | 7.564 | 8.672 | 10.085 | 12.792 |
| 18 | 6.265 | 7.015 | 8.231 | 9.390 | 10.865 | 13.675 |
| 19 | 6.844 | 7.633 | 8.907 | 10.117 | 11.651 | 14.562 |
| 20 | 7.434 | 8.260 | 9.591 | 10.851 | 12.443 | 15.452 |
| 21 | 8.034 | 8.897 | 10.283 | 11.591 | 13.240 | 16.344 |
| 22 | 8.643 | 9.542 | 10.982 | 12.338 | 14.041 | 17.240 |
| 23 | 9.260 | 10.196 | 11.689 | 13.091 | 14.848 | 18.137 |
| 24 | 9.886 | 10.856 | 12.401 | 13.848 | 15.659 | 19.037 |
| 25 | 10.520 | 11.524 | 13.120 | 14.611 | 16.473 | 19.939 |
| 26 | 11.160 | 12.198 | 13.844 | 15.379 | 17.292 | 20.843 |
| 27 | 11.808 | 12.879 | 14.573 | 16.151 | 18.114 | 21.749 |
| 28 | 12.461 | 13.565 | 15.308 | 16.928 | 18.939 | 22.657 |
| 29 | 13.121 | 14.256 | 16.047 | 17.708 | 19.768 | 23.567 |
| 30 | 13.787 | 14.953 | 16.791 | 18.493 | 20.599 | 24.478 |
| 31 | 14.458 | 15.655 | 17.539 | 19.281 | 21.434 | 25.390 |

续表

| n | α | | | | | |
|---|---|---|---|---|---|---|
|   | 0.995 | 0.99 | 0.975 | 0.95 | 0.90 | 0.75 |
| 32 | 15.134 | 16.362 | 18.291 | 20.072 | 22.271 | 26.304 |
| 33 | 15.815 | 17.074 | 19.047 | 20.867 | 23.110 | 27.219 |
| 34 | 16.501 | 17.789 | 19.806 | 21.664 | 23.952 | 28.136 |
| 35 | 17.192 | 18.509 | 20.569 | 22.465 | 24.797 | 29.054 |
| 36 | 17.887 | 19.233 | 21.336 | 23.269 | 25.643 | 29.973 |
| 37 | 18.586 | 19.960 | 22.106 | 24.075 | 26.492 | 30.893 |
| 38 | 19.289 | 20.691 | 22.878 | 24.884 | 27.343 | 31.815 |
| 39 | 19.996 | 21.426 | 23.654 | 25.695 | 28.196 | 32.737 |
| 40 | 20.707 | 22.164 | 24.433 | 26.509 | 29.051 | 33.660 |
| 41 | 21.421 | 22.906 | 25.215 | 27.326 | 29.907 | 34.585 |
| 42 | 22.138 | 23.650 | 25.999 | 28.144 | 30.765 | 35.510 |
| 43 | 22.859 | 24.398 | 26.785 | 28.965 | 31.625 | 36.436 |
| 44 | 23.584 | 25.148 | 27.575 | 29.787 | 32.487 | 37.363 |
| 45 | 24.311 | 25.901 | 28.366 | 30.612 | 33.350 | 38.291 |

| n | α | | | | | |
|---|---|---|---|---|---|---|
|   | 0.25 | 0.10 | 0.05 | 0.025 | 0.01 | 0.005 |
| 1 | 1.323 | 2.706 | 3.841 | 5.024 | 6.635 | 7.879 |
| 2 | 2.773 | 4.605 | 5.991 | 7.378 | 9.210 | 10.597 |
| 3 | 4.108 | 6.251 | 7.815 | 9.348 | 11.345 | 12.838 |
| 4 | 5.385 | 7.779 | 9.488 | 11.143 | 13.277 | 14.860 |
| 5 | 6.626 | 9.236 | 11.070 | 12.833 | 15.086 | 16.750 |
| 6 | 7.841 | 10.645 | 12.592 | 14.449 | 16.812 | 18.548 |
| 7 | 9.037 | 12.017 | 14.067 | 16.013 | 18.475 | 20.278 |
| 8 | 10.219 | 13.362 | 15.507 | 17.535 | 20.090 | 21.955 |
| 9 | 11.389 | 14.684 | 16.919 | 19.023 | 21.666 | 23.589 |
| 10 | 12.549 | 15.987 | 18.307 | 20.483 | 23.209 | 25.188 |
| 11 | 13.701 | 17.275 | 19.675 | 21.920 | 24.725 | 26.757 |
| 12 | 14.845 | 18.549 | 21.026 | 23.337 | 26.217 | 28.300 |
| 13 | 15.984 | 19.812 | 22.362 | 24.736 | 27.688 | 29.819 |

续表

| n | α | | | | | |
|---|---|---|---|---|---|---|
| | 0.25 | 0.10 | 0.05 | 0.025 | 0.01 | 0.005 |
| 14 | 17.117 | 21.064 | 23.685 | 26.119 | 29.141 | 31.319 |
| 15 | 18.245 | 22.307 | 24.996 | 27.488 | 30.578 | 32.801 |
| 16 | 19.369 | 23.542 | 26.296 | 28.845 | 32.000 | 34.267 |
| 17 | 20.489 | 24.769 | 27.587 | 30.191 | 33.409 | 35.718 |
| 18 | 21.605 | 25.989 | 28.869 | 31.526 | 34.805 | 37.156 |
| 19 | 22.718 | 27.204 | 30.144 | 32.852 | 36.191 | 38.582 |
| 20 | 23.828 | 28.412 | 31.410 | 34.170 | 37.566 | 39.997 |
| 21 | 24.935 | 29.615 | 32.671 | 35.479 | 38.932 | 41.401 |
| 22 | 26.039 | 30.813 | 33.924 | 36.781 | 40.289 | 42.796 |
| 23 | 27.141 | 32.007 | 35.172 | 38.076 | 41.638 | 44.181 |
| 24 | 28.241 | 33.196 | 36.415 | 39.364 | 42.980 | 45.559 |
| 25 | 29.339 | 34.382 | 37.652 | 40.646 | 44.314 | 46.928 |
| 26 | 30.435 | 35.563 | 38.885 | 41.923 | 45.642 | 48.290 |
| 27 | 31.528 | 36.741 | 40.113 | 43.195 | 46.963 | 49.645 |
| 28 | 32.620 | 37.916 | 41.337 | 44.461 | 48.278 | 50.993 |
| 29 | 33.711 | 39.087 | 42.557 | 45.722 | 49.588 | 52.336 |
| 30 | 34.800 | 40.256 | 43.773 | 46.979 | 50.892 | 53.672 |
| 31 | 35.887 | 41.422 | 44.985 | 48.232 | 52.191 | 55.003 |
| 32 | 36.973 | 42.585 | 46.194 | 49.480 | 53.486 | 56.328 |
| 33 | 38.058 | 43.745 | 47.400 | 50.725 | 54.776 | 57.648 |
| 34 | 39.141 | 44.903 | 48.602 | 51.966 | 56.061 | 58.964 |
| 35 | 40.223 | 46.059 | 49.802 | 53.203 | 57.342 | 60.275 |
| 36 | 41.304 | 47.212 | 50.998 | 54.437 | 58.619 | 61.581 |
| 37 | 42.383 | 48.363 | 52.192 | 55.668 | 59.893 | 62.883 |
| 38 | 43.462 | 49.513 | 53.384 | 56.896 | 61.162 | 64.181 |
| 39 | 44.539 | 50.660 | 54.572 | 58.120 | 62.428 | 65.476 |
| 40 | 45.616 | 51.805 | 55.758 | 59.342 | 63.691 | 66.766 |
| 41 | 46.692 | 52.949 | 56.942 | 60.561 | 64.950 | 68.053 |
| 42 | 47.766 | 54.090 | 58.124 | 61.777 | 66.206 | 69.336 |

续表

| n | α | | | | | |
|---|---|---|---|---|---|---|
| | 0.25 | 0.10 | 0.05 | 0.025 | 0.01 | 0.005 |
| 43 | 48.840 | 55.230 | 59.304 | 62.990 | 67.459 | 70.616 |
| 44 | 49.913 | 56.369 | 60.481 | 64.201 | 68.710 | 71.893 |
| 45 | 50.985 | 57.505 | 61.656 | 65.410 | 69.957 | 73.166 |

## 附表3  T 分布表

$$P\{t(n) > t_\alpha(n)\} = \alpha$$

| n | α | | | | | |
|---|---|---|---|---|---|---|
| | 0.25 | 0.10 | 0.05 | 0.025 | 0.01 | 0.005 |
| 1 | 1.0000 | 3.0777 | 6.3138 | 12.7062 | 31.8205 | 63.6567 |
| 2 | 0.8165 | 1.8856 | 2.9200 | 4.3027 | 6.9646 | 9.9248 |
| 3 | 0.7649 | 1.6377 | 2.3534 | 3.1824 | 4.5407 | 5.8409 |
| 4 | 0.7407 | 1.5332 | 2.1318 | 2.7764 | 3.7469 | 4.6041 |
| 5 | 0.7267 | 1.4759 | 2.0150 | 2.5706 | 3.3649 | 4.0321 |
| 6 | 0.7176 | 1.4398 | 1.9432 | 2.4469 | 3.1427 | 3.7074 |
| 7 | 0.7111 | 1.4149 | 1.8946 | 2.3646 | 2.9980 | 3.4995 |
| 8 | 0.7064 | 1.3968 | 1.8595 | 2.3060 | 2.8965 | 3.3554 |
| 9 | 0.7027 | 1.3830 | 1.8331 | 2.2622 | 2.8214 | 3.2498 |
| 10 | 0.6998 | 1.3722 | 1.8125 | 2.2281 | 2.7638 | 3.1693 |
| 11 | 0.6974 | 1.3634 | 1.7959 | 2.2010 | 2.7181 | 3.1058 |
| 12 | 0.6955 | 1.3562 | 1.7823 | 2.1788 | 2.6810 | 3.0545 |
| 13 | 0.6938 | 1.3502 | 1.7709 | 2.1604 | 2.6503 | 3.0123 |
| 14 | 0.6924 | 1.3450 | 1.7613 | 2.1448 | 2.6245 | 2.9768 |
| 15 | 0.6912 | 1.3406 | 1.7531 | 2.1314 | 2.6025 | 2.9467 |
| 16 | 0.6901 | 1.3368 | 1.7459 | 2.1199 | 2.5835 | 2.9208 |
| 17 | 0.6892 | 1.3334 | 1.7396 | 2.1098 | 2.5669 | 2.8982 |
| 18 | 0.6884 | 1.3304 | 1.7341 | 2.1009 | 2.5524 | 2.8784 |

续表

| n | α | | | | | |
|---|---|---|---|---|---|---|
| | 0.25 | 0.10 | 0.05 | 0.025 | 0.01 | 0.005 |
| 19 | 0.6876 | 1.3277 | 1.7291 | 2.0930 | 2.5395 | 2.8609 |
| 20 | 0.6870 | 1.3253 | 1.7247 | 2.0860 | 2.5280 | 2.8453 |
| 21 | 0.6864 | 1.3232 | 1.7207 | 2.0796 | 2.5176 | 2.8314 |
| 22 | 0.6858 | 1.3212 | 1.7171 | 2.0739 | 2.5083 | 2.8188 |
| 23 | 0.6853 | 1.3195 | 1.7139 | 2.0687 | 2.4999 | 2.8073 |
| 24 | 0.6848 | 1.3178 | 1.7109 | 2.0639 | 2.4922 | 2.7969 |
| 25 | 0.6844 | 1.3163 | 1.7081 | 2.0595 | 2.4851 | 2.7874 |
| 26 | 0.6840 | 1.3150 | 1.7056 | 2.0555 | 2.4786 | 2.7787 |
| 27 | 0.6837 | 1.3137 | 1.7033 | 2.0518 | 2.4727 | 2.7707 |
| 28 | 0.6834 | 1.3125 | 1.7011 | 2.0484 | 2.4671 | 2.7633 |
| 29 | 0.6830 | 1.3114 | 1.6991 | 2.0452 | 2.4620 | 2.7564 |
| 30 | 0.6828 | 1.3104 | 1.6973 | 2.0423 | 2.4573 | 2.7500 |
| 31 | 0.6825 | 1.3095 | 1.6955 | 2.0395 | 2.4528 | 2.7440 |
| 32 | 0.6822 | 1.3086 | 1.6939 | 2.0369 | 2.4487 | 2.7385 |
| 33 | 0.6820 | 1.3077 | 1.6924 | 2.0345 | 2.4448 | 2.7333 |
| 34 | 0.6818 | 1.3070 | 1.6909 | 2.0322 | 2.4411 | 2.7284 |
| 35 | 0.6816 | 1.3062 | 1.6896 | 2.0301 | 2.4377 | 2.7238 |
| 36 | 0.6814 | 1.3055 | 1.6883 | 2.0281 | 2.4345 | 2.7195 |
| 37 | 0.6812 | 1.3049 | 1.6871 | 2.0262 | 2.4314 | 2.7154 |
| 38 | 0.6810 | 1.3042 | 1.6860 | 2.0244 | 2.4286 | 2.7116 |
| 39 | 0.6808 | 1.3036 | 1.6849 | 2.0227 | 2.4258 | 2.7079 |
| 40 | 0.6807 | 1.3031 | 1.6839 | 2.0211 | 2.4233 | 2.7045 |
| 41 | 0.6805 | 1.3025 | 1.6829 | 2.0195 | 2.4208 | 2.7012 |
| 42 | 0.6804 | 1.3020 | 1.6820 | 2.0181 | 2.4185 | 2.6981 |
| 43 | 0.6802 | 1.3016 | 1.6811 | 2.0167 | 2.4163 | 2.6951 |
| 44 | 0.6801 | 1.3011 | 1.6802 | 2.0154 | 2.4141 | 2.6923 |
| 45 | 0.6800 | 1.3006 | 1.6794 | 2.0141 | 2.4121 | 2.6896 |

# 附表 4　F 分布表

附表 4.1　F 分布临界值 $(\alpha = 0.05)$, $P\{F > F_\alpha(n_1, n_2)\} = \alpha$

| $n_2$ \ $n_1$ | 1 | 2 | 3 | 4 | 5 | 6 | 7 | 8 | 9 | 10 | 12 | 14 | 16 | 18 | 20 |
|---|---|---|---|---|---|---|---|---|---|---|---|---|---|---|---|
| 1 | 161.45 | 199.50 | 215.71 | 224.58 | 230.16 | 233.99 | 236.77 | 238.88 | 240.54 | 241.88 | 243.91 | 245.36 | 246.46 | 247.32 | 248.01 |
| 2 | 18.51 | 19.00 | 19.16 | 19.25 | 19.30 | 19.33 | 19.35 | 19.37 | 19.38 | 19.40 | 19.41 | 19.42 | 19.43 | 19.44 | 19.45 |
| 3 | 10.13 | 9.55 | 9.28 | 9.12 | 9.01 | 8.94 | 8.89 | 8.85 | 8.81 | 8.79 | 8.74 | 8.71 | 8.69 | 8.67 | 8.66 |
| 4 | 7.71 | 6.94 | 6.59 | 6.39 | 6.26 | 6.16 | 6.09 | 6.04 | 6.00 | 5.96 | 5.91 | 5.87 | 5.84 | 5.82 | 5.80 |
| 5 | 6.61 | 5.79 | 5.41 | 5.19 | 5.05 | 4.95 | 4.88 | 4.82 | 4.77 | 4.74 | 4.68 | 4.64 | 4.60 | 4.58 | 4.56 |
| 6 | 5.99 | 5.14 | 4.76 | 4.53 | 4.39 | 4.28 | 4.21 | 4.15 | 4.10 | 4.06 | 4.00 | 3.96 | 3.92 | 3.90 | 3.87 |
| 7 | 5.59 | 4.74 | 4.35 | 4.12 | 3.97 | 3.87 | 3.79 | 3.73 | 3.68 | 3.64 | 3.57 | 3.53 | 3.49 | 3.47 | 3.44 |
| 8 | 5.32 | 4.46 | 4.07 | 3.84 | 3.69 | 3.58 | 3.50 | 3.44 | 3.39 | 3.35 | 3.28 | 3.24 | 3.20 | 3.17 | 3.15 |
| 9 | 5.12 | 4.26 | 3.86 | 3.63 | 3.48 | 3.37 | 3.29 | 3.23 | 3.18 | 3.14 | 3.07 | 3.03 | 2.99 | 2.96 | 2.94 |
| 10 | 4.96 | 4.10 | 3.71 | 3.48 | 3.33 | 3.22 | 3.14 | 3.07 | 3.02 | 2.98 | 2.91 | 2.86 | 2.83 | 2.80 | 2.77 |
| 11 | 4.84 | 3.98 | 3.59 | 3.36 | 3.20 | 3.09 | 3.01 | 2.95 | 2.90 | 2.85 | 2.79 | 2.74 | 2.70 | 2.67 | 2.65 |
| 12 | 4.75 | 3.89 | 3.49 | 3.26 | 3.11 | 3.00 | 2.91 | 2.85 | 2.80 | 2.75 | 2.69 | 2.64 | 2.60 | 2.57 | 2.54 |
| 13 | 4.67 | 3.81 | 3.41 | 3.18 | 3.03 | 2.92 | 2.83 | 2.77 | 2.71 | 2.67 | 2.60 | 2.55 | 2.51 | 2.48 | 2.46 |
| 14 | 4.60 | 3.74 | 3.34 | 3.11 | 2.96 | 2.85 | 2.76 | 2.70 | 2.65 | 2.60 | 2.53 | 2.48 | 2.44 | 2.41 | 2.39 |

续表

| $n_2$ \ $n_1$ | 1 | 2 | 3 | 4 | 5 | 6 | 7 | 8 | 9 | 10 | 12 | 14 | 16 | 18 | 20 |
|---|---|---|---|---|---|---|---|---|---|---|---|---|---|---|---|
| 15 | 4.54 | 3.68 | 3.29 | 3.06 | 2.90 | 2.79 | 2.71 | 2.64 | 2.59 | 2.54 | 2.48 | 2.42 | 2.38 | 2.35 | 2.33 |
| 16 | 4.49 | 3.63 | 3.24 | 3.01 | 2.85 | 2.74 | 2.66 | 2.59 | 2.54 | 2.49 | 2.42 | 2.37 | 2.33 | 2.30 | 2.28 |
| 17 | 4.45 | 3.59 | 3.20 | 2.96 | 2.81 | 2.70 | 2.61 | 2.55 | 2.49 | 2.45 | 2.38 | 2.33 | 2.29 | 2.26 | 2.23 |
| 18 | 4.41 | 3.55 | 3.16 | 2.93 | 2.77 | 2.66 | 2.58 | 2.51 | 2.46 | 2.41 | 2.34 | 2.29 | 2.25 | 2.22 | 2.19 |
| 19 | 4.38 | 3.52 | 3.13 | 2.90 | 2.74 | 2.63 | 2.54 | 2.48 | 2.42 | 2.38 | 2.31 | 2.26 | 2.21 | 2.18 | 2.16 |
| 20 | 4.35 | 3.49 | 3.10 | 2.87 | 2.71 | 2.60 | 2.51 | 2.45 | 2.39 | 2.35 | 2.28 | 2.22 | 2.18 | 2.15 | 2.12 |
| 21 | 4.32 | 3.47 | 3.07 | 2.84 | 2.68 | 2.57 | 2.49 | 2.42 | 2.37 | 2.32 | 2.25 | 2.20 | 2.16 | 2.12 | 2.10 |
| 22 | 4.30 | 3.44 | 3.05 | 2.82 | 2.66 | 2.55 | 2.46 | 2.40 | 2.34 | 2.30 | 2.23 | 2.17 | 2.13 | 2.10 | 2.07 |
| 23 | 4.28 | 3.42 | 3.03 | 2.80 | 2.64 | 2.53 | 2.44 | 2.37 | 2.32 | 2.27 | 2.20 | 2.15 | 2.11 | 2.08 | 2.05 |
| 24 | 4.26 | 3.40 | 3.01 | 2.78 | 2.62 | 2.51 | 2.42 | 2.36 | 2.30 | 2.25 | 2.18 | 2.13 | 2.09 | 2.05 | 2.03 |
| 25 | 4.24 | 3.39 | 2.99 | 2.76 | 2.60 | 2.49 | 2.40 | 2.34 | 2.28 | 2.24 | 2.16 | 2.11 | 2.07 | 2.04 | 2.01 |
| 26 | 4.23 | 3.37 | 2.98 | 2.74 | 2.59 | 2.47 | 2.39 | 2.32 | 2.27 | 2.22 | 2.15 | 2.09 | 2.05 | 2.02 | 1.99 |
| 27 | 4.21 | 3.35 | 2.96 | 2.73 | 2.57 | 2.46 | 2.37 | 2.31 | 2.25 | 2.20 | 2.13 | 2.08 | 2.04 | 2.00 | 1.97 |
| 28 | 4.20 | 3.34 | 2.95 | 2.71 | 2.56 | 2.45 | 2.36 | 2.29 | 2.24 | 2.19 | 2.12 | 2.06 | 2.02 | 1.99 | 1.96 |
| 29 | 4.18 | 3.33 | 2.93 | 2.70 | 2.55 | 2.43 | 2.35 | 2.28 | 2.22 | 2.18 | 2.10 | 2.05 | 2.01 | 1.97 | 1.94 |
| 30 | 4.17 | 3.32 | 2.92 | 2.69 | 2.53 | 2.42 | 2.33 | 2.27 | 2.21 | 2.16 | 2.09 | 2.04 | 1.99 | 1.96 | 1.93 |
| 32 | 4.15 | 3.29 | 2.90 | 2.67 | 2.51 | 2.40 | 2.31 | 2.24 | 2.19 | 2.14 | 2.07 | 2.01 | 1.97 | 1.94 | 1.91 |
| 34 | 4.13 | 3.28 | 2.88 | 2.65 | 2.49 | 2.38 | 2.29 | 2.23 | 2.17 | 2.12 | 2.05 | 1.99 | 1.95 | 1.92 | 1.89 |

续表

| $n_2$ | $n_1$ | | | | | | | | | | | | | |
|---|---|---|---|---|---|---|---|---|---|---|---|---|---|---|
| | 1 | 2 | 3 | 4 | 5 | 6 | 7 | 8 | 9 | 10 | 12 | 14 | 16 | 18 | 20 |
| 36 | 4.11 | 3.26 | 2.87 | 2.63 | 2.48 | 2.36 | 2.28 | 2.21 | 2.15 | 2.11 | 2.03 | 1.98 | 1.93 | 1.90 | 1.87 |
| 38 | 4.10 | 3.24 | 2.85 | 2.62 | 2.46 | 2.35 | 2.26 | 2.19 | 2.14 | 2.09 | 2.02 | 1.96 | 1.92 | 1.88 | 1.85 |
| 40 | 4.08 | 3.23 | 2.84 | 2.61 | 2.45 | 2.34 | 2.25 | 2.18 | 2.12 | 2.08 | 2.00 | 1.95 | 1.90 | 1.87 | 1.84 |
| 42 | 4.07 | 3.22 | 2.83 | 2.59 | 2.44 | 2.32 | 2.24 | 2.17 | 2.11 | 2.06 | 1.99 | 1.94 | 1.89 | 1.86 | 1.83 |
| 44 | 4.06 | 3.21 | 2.82 | 2.58 | 2.43 | 2.31 | 2.23 | 2.16 | 2.10 | 2.05 | 1.98 | 1.92 | 1.88 | 1.84 | 1.81 |
| 46 | 4.05 | 3.20 | 2.81 | 2.57 | 2.42 | 2.30 | 2.22 | 2.15 | 2.09 | 2.04 | 1.97 | 1.91 | 1.87 | 1.83 | 1.80 |
| 48 | 4.04 | 3.19 | 2.80 | 2.57 | 2.41 | 2.29 | 2.21 | 2.14 | 2.08 | 2.03 | 1.96 | 1.90 | 1.86 | 1.82 | 1.79 |
| 50 | 4.03 | 3.18 | 2.79 | 2.56 | 2.40 | 2.29 | 2.20 | 2.13 | 2.07 | 2.03 | 1.95 | 1.89 | 1.85 | 1.81 | 1.78 |
| 60 | 4.00 | 3.15 | 2.76 | 2.53 | 2.37 | 2.25 | 2.17 | 2.10 | 2.04 | 1.99 | 1.92 | 1.86 | 1.82 | 1.78 | 1.75 |
| 80 | 3.96 | 3.11 | 2.72 | 2.49 | 2.33 | 2.21 | 2.13 | 2.06 | 2.00 | 1.95 | 1.88 | 1.82 | 1.77 | 1.73 | 1.70 |
| 100 | 3.94 | 3.09 | 2.70 | 2.46 | 2.31 | 2.19 | 2.10 | 2.03 | 1.97 | 1.93 | 1.85 | 1.79 | 1.75 | 1.71 | 1.68 |
| 125 | 3.92 | 3.07 | 2.68 | 2.44 | 2.29 | 2.17 | 2.08 | 2.01 | 1.96 | 1.91 | 1.83 | 1.77 | 1.73 | 1.69 | 1.66 |
| 150 | 3.90 | 3.06 | 2.66 | 2.43 | 2.27 | 2.16 | 2.07 | 2.00 | 1.94 | 1.89 | 1.82 | 1.76 | 1.71 | 1.67 | 1.64 |
| 200 | 3.89 | 3.04 | 2.65 | 2.42 | 2.26 | 2.14 | 2.06 | 1.98 | 1.93 | 1.88 | 1.80 | 1.74 | 1.69 | 1.66 | 1.62 |
| 300 | 3.87 | 3.03 | 2.63 | 2.40 | 2.24 | 2.13 | 2.04 | 1.97 | 1.91 | 1.86 | 1.78 | 1.72 | 1.68 | 1.64 | 1.61 |
| 500 | 3.86 | 3.01 | 2.62 | 2.39 | 2.23 | 2.12 | 2.03 | 1.96 | 1.90 | 1.85 | 1.77 | 1.71 | 1.66 | 1.62 | 1.59 |
| 1000 | 3.85 | 3.00 | 2.61 | 2.38 | 2.22 | 2.11 | 2.02 | 1.95 | 1.89 | 1.84 | 1.76 | 1.70 | 1.65 | 1.61 | 1.58 |
| $\infty$ | 3.84 | 3.00 | 2.60 | 2.37 | 2.21 | 2.10 | 2.01 | 1.94 | 1.88 | 1.83 | 1.75 | 1.69 | 1.64 | 1.60 | 1.57 |

附表 4.2 $F$ 分布临界值 ($\alpha = 0.05$)

| $n_2$ | \multicolumn{14}{c}{$n_1$} | | | | | | | | | | | | | |
|---|---|---|---|---|---|---|---|---|---|---|---|---|---|---|
| | 22 | 24 | 26 | 28 | 30 | 35 | 40 | 45 | 50 | 60 | 80 | 100 | 200 | 500 | $\infty$ |
| 1 | 248.58 | 249.05 | 249.45 | 249.80 | 250.10 | 250.69 | 251.14 | 251.49 | 251.77 | 252.20 | 252.72 | 253.04 | 253.68 | 254.06 | 254.31 |
| 2 | 19.45 | 19.45 | 19.46 | 19.46 | 19.46 | 19.47 | 19.47 | 19.47 | 19.48 | 19.48 | 19.48 | 19.49 | 19.49 | 19.49 | 19.50 |
| 3 | 8.65 | 8.64 | 8.63 | 8.62 | 8.62 | 8.60 | 8.59 | 8.59 | 8.58 | 8.57 | 8.56 | 8.55 | 8.54 | 8.53 | 8.53 |
| 4 | 5.79 | 5.77 | 5.76 | 5.75 | 5.75 | 5.73 | 5.72 | 5.71 | 5.70 | 5.69 | 5.67 | 5.66 | 5.65 | 5.64 | 5.63 |
| 5 | 4.54 | 4.53 | 4.52 | 4.50 | 4.50 | 4.48 | 4.46 | 4.45 | 4.44 | 4.43 | 4.41 | 4.41 | 4.39 | 4.37 | 4.37 |
| 6 | 3.86 | 3.84 | 3.83 | 3.82 | 3.81 | 3.79 | 3.77 | 3.76 | 3.75 | 3.74 | 3.72 | 3.71 | 3.69 | 3.68 | 3.67 |
| 7 | 3.43 | 3.41 | 3.40 | 3.39 | 3.38 | 3.36 | 3.34 | 3.33 | 3.32 | 3.30 | 3.29 | 3.27 | 3.25 | 3.24 | 3.23 |
| 8 | 3.13 | 3.12 | 3.10 | 3.09 | 3.08 | 3.06 | 3.04 | 3.03 | 3.02 | 3.01 | 2.99 | 2.97 | 2.95 | 2.94 | 2.93 |
| 9 | 2.92 | 2.90 | 2.89 | 2.87 | 2.86 | 2.84 | 2.83 | 2.81 | 2.80 | 2.79 | 2.77 | 2.76 | 2.73 | 2.72 | 2.71 |
| 10 | 2.75 | 2.74 | 2.72 | 2.71 | 2.70 | 2.68 | 2.66 | 2.65 | 2.64 | 2.62 | 2.60 | 2.59 | 2.56 | 2.55 | 2.54 |
| 11 | 2.63 | 2.61 | 2.59 | 2.58 | 2.57 | 2.55 | 2.53 | 2.52 | 2.51 | 2.49 | 2.47 | 2.46 | 2.43 | 2.42 | 2.40 |
| 12 | 2.52 | 2.51 | 2.49 | 2.48 | 2.47 | 2.44 | 2.43 | 2.41 | 2.40 | 2.38 | 2.36 | 2.35 | 2.32 | 2.31 | 2.30 |
| 13 | 2.44 | 2.42 | 2.41 | 2.39 | 2.38 | 2.36 | 2.34 | 2.33 | 2.31 | 2.30 | 2.27 | 2.26 | 2.23 | 2.22 | 2.21 |
| 14 | 2.37 | 2.35 | 2.33 | 2.32 | 2.31 | 2.28 | 2.27 | 2.25 | 2.24 | 2.22 | 2.20 | 2.19 | 2.16 | 2.14 | 2.13 |
| 15 | 2.31 | 2.29 | 2.27 | 2.26 | 2.25 | 2.22 | 2.20 | 2.19 | 2.18 | 2.16 | 2.14 | 2.12 | 2.10 | 2.08 | 2.07 |
| 16 | 2.25 | 2.24 | 2.22 | 2.21 | 2.19 | 2.17 | 2.15 | 2.14 | 2.12 | 2.11 | 2.08 | 2.07 | 2.04 | 2.02 | 2.01 |
| 17 | 2.21 | 2.19 | 2.17 | 2.16 | 2.15 | 2.12 | 2.10 | 2.09 | 2.08 | 2.06 | 2.03 | 2.02 | 1.99 | 1.97 | 1.96 |
| 18 | 2.17 | 2.15 | 2.13 | 2.12 | 2.11 | 2.08 | 2.06 | 2.05 | 2.04 | 2.02 | 1.99 | 1.98 | 1.95 | 1.93 | 1.92 |

续表

| $n_2$ | $n_1$ | | | | | | | | | | | | | | | |
|---|---|---|---|---|---|---|---|---|---|---|---|---|---|---|---|---|
| | 22 | 24 | 26 | 28 | 30 | 35 | 40 | 45 | 50 | 60 | 80 | 100 | 200 | 500 | ∞ |
| 19 | 2.13 | 2.11 | 2.10 | 2.08 | 2.07 | 2.05 | 2.03 | 2.01 | 2.00 | 1.98 | 1.96 | 1.94 | 1.91 | 1.89 | 1.88 |
| 20 | 2.10 | 2.08 | 2.07 | 2.05 | 2.04 | 2.01 | 1.99 | 1.98 | 1.97 | 1.95 | 1.92 | 1.91 | 1.88 | 1.86 | 1.84 |
| 21 | 2.07 | 2.05 | 2.04 | 2.02 | 2.01 | 1.98 | 1.96 | 1.95 | 1.94 | 1.92 | 1.89 | 1.88 | 1.84 | 1.83 | 1.81 |
| 22 | 2.05 | 2.03 | 2.01 | 2.00 | 1.98 | 1.96 | 1.94 | 1.92 | 1.91 | 1.89 | 1.86 | 1.85 | 1.82 | 1.80 | 1.78 |
| 23 | 2.02 | 2.01 | 1.99 | 1.97 | 1.96 | 1.93 | 1.91 | 1.90 | 1.88 | 1.86 | 1.84 | 1.82 | 1.79 | 1.77 | 1.76 |
| 24 | 2.00 | 1.98 | 1.97 | 1.95 | 1.94 | 1.91 | 1.89 | 1.88 | 1.86 | 1.84 | 1.82 | 1.80 | 1.77 | 1.75 | 1.73 |
| 25 | 1.98 | 1.96 | 1.95 | 1.93 | 1.92 | 1.89 | 1.87 | 1.86 | 1.84 | 1.82 | 1.80 | 1.78 | 1.75 | 1.73 | 1.71 |
| 26 | 1.97 | 1.95 | 1.93 | 1.91 | 1.90 | 1.87 | 1.85 | 1.84 | 1.82 | 1.80 | 1.78 | 1.76 | 1.73 | 1.71 | 1.69 |
| 27 | 1.95 | 1.93 | 1.91 | 1.90 | 1.88 | 1.86 | 1.84 | 1.82 | 1.81 | 1.79 | 1.76 | 1.74 | 1.71 | 1.69 | 1.67 |
| 28 | 1.93 | 1.91 | 1.90 | 1.88 | 1.87 | 1.84 | 1.82 | 1.80 | 1.79 | 1.77 | 1.74 | 1.73 | 1.69 | 1.67 | 1.65 |
| 29 | 1.92 | 1.90 | 1.88 | 1.87 | 1.85 | 1.83 | 1.81 | 1.79 | 1.77 | 1.75 | 1.73 | 1.71 | 1.67 | 1.65 | 1.64 |
| 30 | 1.91 | 1.89 | 1.87 | 1.85 | 1.84 | 1.81 | 1.79 | 1.77 | 1.76 | 1.74 | 1.71 | 1.70 | 1.66 | 1.64 | 1.62 |
| 32 | 1.88 | 1.86 | 1.85 | 1.83 | 1.82 | 1.79 | 1.77 | 1.75 | 1.74 | 1.71 | 1.69 | 1.67 | 1.63 | 1.61 | 1.59 |
| 34 | 1.86 | 1.84 | 1.82 | 1.81 | 1.80 | 1.77 | 1.75 | 1.73 | 1.71 | 1.69 | 1.66 | 1.65 | 1.61 | 1.59 | 1.57 |
| 36 | 1.85 | 1.82 | 1.81 | 1.79 | 1.78 | 1.75 | 1.73 | 1.71 | 1.69 | 1.67 | 1.64 | 1.62 | 1.59 | 1.56 | 1.55 |
| 38 | 1.83 | 1.81 | 1.79 | 1.77 | 1.76 | 1.73 | 1.71 | 1.69 | 1.68 | 1.65 | 1.62 | 1.61 | 1.57 | 1.54 | 1.53 |
| 40 | 1.81 | 1.79 | 1.77 | 1.76 | 1.74 | 1.72 | 1.69 | 1.67 | 1.66 | 1.64 | 1.61 | 1.59 | 1.55 | 1.53 | 1.51 |
| 42 | 1.80 | 1.78 | 1.76 | 1.75 | 1.73 | 1.70 | 1.68 | 1.66 | 1.65 | 1.62 | 1.59 | 1.57 | 1.53 | 1.51 | 1.49 |

续表

| $n_2$ \ $n_1$ | 22 | 24 | 26 | 28 | 30 | 35 | 40 | 45 | 50 | 60 | 80 | 100 | 200 | 500 | ∞ |
|---|---|---|---|---|---|---|---|---|---|---|---|---|---|---|---|
| 44 | 1.79 | 1.77 | 1.75 | 1.73 | 1.72 | 1.69 | 1.67 | 1.65 | 1.63 | 1.61 | 1.58 | 1.56 | 1.52 | 1.49 | 1.48 |
| 46 | 1.78 | 1.76 | 1.74 | 1.72 | 1.71 | 1.68 | 1.65 | 1.64 | 1.62 | 1.60 | 1.57 | 1.55 | 1.51 | 1.48 | 1.46 |
| 48 | 1.77 | 1.75 | 1.73 | 1.71 | 1.70 | 1.67 | 1.64 | 1.62 | 1.61 | 1.59 | 1.56 | 1.54 | 1.49 | 1.47 | 1.45 |
| 50 | 1.76 | 1.74 | 1.72 | 1.70 | 1.69 | 1.66 | 1.63 | 1.61 | 1.60 | 1.58 | 1.54 | 1.52 | 1.48 | 1.46 | 1.44 |
| 60 | 1.72 | 1.70 | 1.68 | 1.66 | 1.65 | 1.62 | 1.59 | 1.57 | 1.56 | 1.53 | 1.50 | 1.48 | 1.44 | 1.41 | 1.39 |
| 80 | 1.68 | 1.65 | 1.63 | 1.62 | 1.60 | 1.57 | 1.54 | 1.52 | 1.51 | 1.48 | 1.45 | 1.43 | 1.38 | 1.35 | 1.32 |
| 100 | 1.65 | 1.63 | 1.61 | 1.59 | 1.57 | 1.54 | 1.52 | 1.49 | 1.48 | 1.45 | 1.41 | 1.39 | 1.34 | 1.31 | 1.28 |
| 125 | 1.63 | 1.60 | 1.58 | 1.57 | 1.55 | 1.52 | 1.49 | 1.47 | 1.45 | 1.42 | 1.39 | 1.36 | 1.31 | 1.27 | 1.25 |
| 150 | 1.61 | 1.59 | 1.57 | 1.55 | 1.54 | 1.50 | 1.48 | 1.45 | 1.44 | 1.41 | 1.37 | 1.34 | 1.29 | 1.25 | 1.22 |
| 200 | 1.60 | 1.57 | 1.55 | 1.53 | 1.52 | 1.48 | 1.46 | 1.43 | 1.41 | 1.39 | 1.35 | 1.32 | 1.26 | 1.22 | 1.19 |
| 300 | 1.58 | 1.55 | 1.53 | 1.51 | 1.50 | 1.46 | 1.43 | 1.41 | 1.39 | 1.36 | 1.32 | 1.30 | 1.23 | 1.19 | 1.15 |
| 500 | 1.56 | 1.54 | 1.52 | 1.50 | 1.48 | 1.45 | 1.42 | 1.40 | 1.38 | 1.35 | 1.30 | 1.28 | 1.21 | 1.16 | 1.11 |
| 1000 | 1.55 | 1.53 | 1.51 | 1.49 | 1.47 | 1.43 | 1.41 | 1.38 | 1.36 | 1.33 | 1.29 | 1.26 | 1.19 | 1.13 | 1.08 |
| ∞ | 1.54 | 1.52 | 1.50 | 1.48 | 1.46 | 1.42 | 1.39 | 1.37 | 1.35 | 1.32 | 1.27 | 1.24 | 1.17 | 1.11 | 1.01 |

附表 4.3　$F$ 分布临界值（$\alpha=0.01$）

| $n_2$ \ $n_1$ | 1 | 2 | 3 | 4 | 5 | 6 | 7 | 8 | 9 | 10 | 12 | 14 | 16 | 18 | 20 |
|---|---|---|---|---|---|---|---|---|---|---|---|---|---|---|---|
| 1 | 4052.18 | 4999.50 | 5403.35 | 5624.58 | 5763.65 | 5858.99 | 5928.36 | 5981.07 | 6022.47 | 6055.85 | 6106.32 | 6142.67 | 6170.10 | 6191.53 | 6208.73 |
| 2 | 98.50 | 99.00 | 99.17 | 99.25 | 99.30 | 99.33 | 99.36 | 99.37 | 99.39 | 99.40 | 99.42 | 99.43 | 99.44 | 99.44 | 99.45 |
| 3 | 34.12 | 30.82 | 29.46 | 28.71 | 28.24 | 27.91 | 27.67 | 27.49 | 27.35 | 27.23 | 27.05 | 26.92 | 26.83 | 26.75 | 26.69 |
| 4 | 21.20 | 18.00 | 16.69 | 15.98 | 15.52 | 15.21 | 14.98 | 14.80 | 14.66 | 14.55 | 14.37 | 14.25 | 14.15 | 14.08 | 14.02 |
| 5 | 16.26 | 13.27 | 12.06 | 11.39 | 10.97 | 10.67 | 10.46 | 10.29 | 10.16 | 10.05 | 9.89 | 9.77 | 9.68 | 9.61 | 9.55 |
| 6 | 13.75 | 10.92 | 9.78 | 9.15 | 8.75 | 8.47 | 8.26 | 8.10 | 7.98 | 7.87 | 7.72 | 7.60 | 7.52 | 7.45 | 7.40 |
| 7 | 12.25 | 9.55 | 8.45 | 7.85 | 7.46 | 7.19 | 6.99 | 6.84 | 6.72 | 6.62 | 6.47 | 6.36 | 6.28 | 6.21 | 6.16 |
| 8 | 11.26 | 8.65 | 7.59 | 7.01 | 6.63 | 6.37 | 6.18 | 6.03 | 5.91 | 5.81 | 5.67 | 5.56 | 5.48 | 5.41 | 5.36 |
| 9 | 10.56 | 8.02 | 6.99 | 6.42 | 6.06 | 5.80 | 5.61 | 5.47 | 5.35 | 5.26 | 5.11 | 5.01 | 4.92 | 4.86 | 4.81 |
| 10 | 10.04 | 7.56 | 6.55 | 5.99 | 5.64 | 5.39 | 5.20 | 5.06 | 4.94 | 4.85 | 4.71 | 4.60 | 4.52 | 4.46 | 4.41 |
| 11 | 9.65 | 7.21 | 6.22 | 5.67 | 5.32 | 5.07 | 4.89 | 4.74 | 4.63 | 4.54 | 4.40 | 4.29 | 4.21 | 4.15 | 4.10 |
| 12 | 9.33 | 6.93 | 5.95 | 5.41 | 5.06 | 4.82 | 4.64 | 4.50 | 4.39 | 4.30 | 4.16 | 4.05 | 3.97 | 3.91 | 3.86 |
| 13 | 9.07 | 6.70 | 5.74 | 5.21 | 4.86 | 4.62 | 4.44 | 4.30 | 4.19 | 4.10 | 3.96 | 3.86 | 3.78 | 3.72 | 3.66 |
| 14 | 8.86 | 6.51 | 5.56 | 5.04 | 4.69 | 4.46 | 4.28 | 4.14 | 4.03 | 3.94 | 3.80 | 3.70 | 3.62 | 3.56 | 3.51 |
| 15 | 8.68 | 6.36 | 5.42 | 4.89 | 4.56 | 4.32 | 4.14 | 4.00 | 3.89 | 3.80 | 3.67 | 3.56 | 3.49 | 3.42 | 3.37 |
| 16 | 8.53 | 6.23 | 5.29 | 4.77 | 4.44 | 4.20 | 4.03 | 3.89 | 3.78 | 3.69 | 3.55 | 3.45 | 3.37 | 3.31 | 3.26 |
| 17 | 8.40 | 6.11 | 5.18 | 4.67 | 4.34 | 4.10 | 3.93 | 3.79 | 3.68 | 3.59 | 3.46 | 3.35 | 3.27 | 3.21 | 3.16 |
| 18 | 8.29 | 6.01 | 5.09 | 4.58 | 4.25 | 4.01 | 3.84 | 3.71 | 3.60 | 3.51 | 3.37 | 3.27 | 3.19 | 3.13 | 3.08 |

续表

| $n_2$ | $n_1$ | | | | | | | | | | | | | | |
|---|---|---|---|---|---|---|---|---|---|---|---|---|---|---|---|
| | 1 | 2 | 3 | 4 | 5 | 6 | 7 | 8 | 9 | 10 | 12 | 14 | 16 | 18 | 20 |
| 19 | 8.18 | 5.93 | 5.01 | 4.50 | 4.17 | 3.94 | 3.77 | 3.63 | 3.52 | 3.43 | 3.30 | 3.19 | 3.12 | 3.05 | 3.00 |
| 20 | 8.10 | 5.85 | 4.94 | 4.43 | 4.10 | 3.87 | 3.70 | 3.56 | 3.46 | 3.37 | 3.23 | 3.13 | 3.05 | 2.99 | 2.94 |
| 21 | 8.02 | 5.78 | 4.87 | 4.37 | 4.04 | 3.81 | 3.64 | 3.51 | 3.40 | 3.31 | 3.17 | 3.07 | 2.99 | 2.93 | 2.88 |
| 22 | 7.95 | 5.72 | 4.82 | 4.31 | 3.99 | 3.76 | 3.59 | 3.45 | 3.35 | 3.26 | 3.12 | 3.02 | 2.94 | 2.88 | 2.83 |
| 23 | 7.88 | 5.66 | 4.76 | 4.26 | 3.94 | 3.71 | 3.54 | 3.41 | 3.30 | 3.21 | 3.07 | 2.97 | 2.89 | 2.83 | 2.78 |
| 24 | 7.82 | 5.61 | 4.72 | 4.22 | 3.90 | 3.67 | 3.50 | 3.36 | 3.26 | 3.17 | 3.03 | 2.93 | 2.85 | 2.79 | 2.74 |
| 25 | 7.77 | 5.57 | 4.68 | 4.18 | 3.85 | 3.63 | 3.46 | 3.32 | 3.22 | 3.13 | 2.99 | 2.89 | 2.81 | 2.75 | 2.70 |
| 26 | 7.72 | 5.53 | 4.64 | 4.14 | 3.82 | 3.59 | 3.42 | 3.29 | 3.18 | 3.09 | 2.96 | 2.86 | 2.78 | 2.72 | 2.66 |
| 27 | 7.68 | 5.49 | 4.60 | 4.11 | 3.78 | 3.56 | 3.39 | 3.26 | 3.15 | 3.06 | 2.93 | 2.82 | 2.75 | 2.68 | 2.63 |
| 28 | 7.64 | 5.45 | 4.57 | 4.07 | 3.75 | 3.53 | 3.36 | 3.23 | 3.12 | 3.03 | 2.90 | 2.79 | 2.72 | 2.65 | 2.60 |
| 29 | 7.60 | 5.42 | 4.54 | 4.04 | 3.73 | 3.50 | 3.33 | 3.20 | 3.09 | 3.00 | 2.87 | 2.77 | 2.69 | 2.63 | 2.57 |
| 30 | 7.56 | 5.39 | 4.51 | 4.02 | 3.70 | 3.47 | 3.30 | 3.17 | 3.07 | 2.98 | 2.84 | 2.74 | 2.66 | 2.60 | 2.55 |
| 32 | 7.50 | 5.34 | 4.46 | 3.97 | 3.65 | 3.43 | 3.26 | 3.13 | 3.02 | 2.93 | 2.80 | 2.70 | 2.62 | 2.55 | 2.50 |
| 34 | 7.44 | 5.29 | 4.42 | 3.93 | 3.61 | 3.39 | 3.22 | 3.09 | 2.98 | 2.89 | 2.76 | 2.66 | 2.58 | 2.51 | 2.46 |
| 36 | 7.40 | 5.25 | 4.38 | 3.89 | 3.57 | 3.35 | 3.18 | 3.05 | 2.95 | 2.86 | 2.72 | 2.62 | 2.54 | 2.48 | 2.43 |
| 38 | 7.35 | 5.21 | 4.34 | 3.86 | 3.54 | 3.32 | 3.15 | 3.02 | 2.92 | 2.83 | 2.69 | 2.59 | 2.51 | 2.45 | 2.40 |
| 40 | 7.31 | 5.18 | 4.31 | 3.83 | 3.51 | 3.29 | 3.12 | 2.99 | 2.89 | 2.80 | 2.66 | 2.56 | 2.48 | 2.42 | 2.37 |
| 42 | 7.28 | 5.15 | 4.29 | 3.80 | 3.49 | 3.27 | 3.10 | 2.97 | 2.86 | 2.78 | 2.64 | 2.54 | 2.46 | 2.40 | 2.34 |

续表

| $n_2$ | $n_1$ | | | | | | | | | | | | | |
|---|---|---|---|---|---|---|---|---|---|---|---|---|---|---|
| | 1 | 2 | 3 | 4 | 5 | 6 | 7 | 8 | 9 | 10 | 12 | 14 | 16 | 18 | 20 |
| 44 | 7.25 | 5.12 | 4.26 | 3.78 | 3.47 | 3.24 | 3.08 | 2.95 | 2.84 | 2.75 | 2.62 | 2.52 | 2.44 | 2.37 | 2.32 |
| 46 | 7.22 | 5.10 | 4.24 | 3.76 | 3.44 | 3.22 | 3.06 | 2.93 | 2.82 | 2.73 | 2.60 | 2.50 | 2.42 | 2.35 | 2.30 |
| 48 | 7.19 | 5.08 | 4.22 | 3.74 | 3.43 | 3.20 | 3.04 | 2.91 | 2.80 | 2.71 | 2.58 | 2.48 | 2.40 | 2.33 | 2.28 |
| 50 | 7.17 | 5.06 | 4.20 | 3.72 | 3.41 | 3.19 | 3.02 | 2.89 | 2.78 | 2.70 | 2.56 | 2.46 | 2.38 | 2.32 | 2.27 |
| 60 | 7.08 | 4.98 | 4.13 | 3.65 | 3.34 | 3.12 | 2.95 | 2.82 | 2.72 | 2.63 | 2.50 | 2.39 | 2.31 | 2.25 | 2.20 |
| 80 | 6.96 | 4.88 | 4.04 | 3.56 | 3.26 | 3.04 | 2.87 | 2.74 | 2.64 | 2.55 | 2.42 | 2.31 | 2.23 | 2.17 | 2.12 |
| 100 | 6.90 | 4.82 | 3.98 | 3.51 | 3.21 | 2.99 | 2.82 | 2.69 | 2.59 | 2.50 | 2.37 | 2.27 | 2.19 | 2.12 | 2.07 |
| 125 | 6.84 | 4.78 | 3.94 | 3.47 | 3.17 | 2.95 | 2.79 | 2.66 | 2.55 | 2.47 | 2.33 | 2.23 | 2.15 | 2.08 | 2.03 |
| 150 | 6.81 | 4.75 | 3.91 | 3.45 | 3.14 | 2.92 | 2.76 | 2.63 | 2.53 | 2.44 | 2.31 | 2.20 | 2.12 | 2.06 | 2.00 |
| 200 | 6.76 | 4.71 | 3.88 | 3.41 | 3.11 | 2.89 | 2.73 | 2.60 | 2.50 | 2.41 | 2.27 | 2.17 | 2.09 | 2.03 | 1.97 |
| 300 | 6.72 | 4.68 | 3.85 | 3.38 | 3.08 | 2.86 | 2.70 | 2.57 | 2.47 | 2.38 | 2.24 | 2.14 | 2.06 | 1.99 | 1.94 |
| 500 | 6.69 | 4.65 | 3.82 | 3.36 | 3.05 | 2.84 | 2.68 | 2.55 | 2.44 | 2.36 | 2.22 | 2.12 | 2.04 | 1.97 | 1.92 |
| 1000 | 6.66 | 4.63 | 3.80 | 3.34 | 3.04 | 2.82 | 2.66 | 2.53 | 2.43 | 2.34 | 2.20 | 2.10 | 2.02 | 1.95 | 1.90 |
| $\infty$ | 6.58 | 4.61 | 3.79 | 3.33 | 3.02 | 2.81 | 2.64 | 2.52 | 2.41 | 2.32 | 2.19 | 2.08 | 2.00 | 1.94 | 1.88 |

附表 4.4　$F$ 分布临界值（$\alpha=0.01$）

| $n_2$ \ $n_1$ | 22 | 24 | 26 | 28 | 30 | 35 | 40 | 45 | 50 | 60 | 80 | 100 | 200 | 500 | ∞ |
|---|---|---|---|---|---|---|---|---|---|---|---|---|---|---|---|
| 1 | 6222.84 | 6234.63 | 6244.62 | 6253.20 | 6260.65 | 6275.57 | 6286.78 | 6295.52 | 6302.52 | 6313.03 | 6326.20 | 6334.11 | 6349.97 | 6359.50 | 6365.83 |
| 2 | 99.45 | 99.46 | 99.46 | 99.46 | 99.47 | 99.47 | 99.47 | 99.48 | 99.48 | 99.48 | 99.49 | 99.49 | 99.49 | 99.50 | 99.50 |
| 3 | 26.64 | 26.60 | 26.56 | 26.53 | 26.50 | 26.45 | 26.41 | 26.38 | 26.35 | 26.32 | 26.27 | 26.24 | 26.18 | 26.15 | 26.13 |
| 4 | 13.97 | 13.93 | 13.89 | 13.86 | 13.84 | 13.79 | 13.75 | 13.71 | 13.69 | 13.65 | 13.61 | 13.58 | 13.52 | 13.49 | 13.46 |
| 5 | 9.51 | 9.47 | 9.43 | 9.40 | 9.38 | 9.33 | 9.29 | 9.26 | 9.24 | 9.20 | 9.16 | 9.13 | 9.08 | 9.04 | 9.02 |
| 6 | 7.35 | 7.31 | 7.28 | 7.25 | 7.23 | 7.18 | 7.14 | 7.11 | 7.09 | 7.06 | 7.01 | 6.99 | 6.93 | 6.90 | 6.88 |
| 7 | 6.11 | 6.07 | 6.04 | 6.02 | 5.99 | 5.94 | 5.91 | 5.88 | 5.86 | 5.82 | 5.78 | 5.75 | 5.70 | 5.67 | 5.65 |
| 8 | 5.32 | 5.28 | 5.25 | 5.22 | 5.20 | 5.15 | 5.12 | 5.09 | 5.07 | 5.03 | 4.99 | 4.96 | 4.91 | 4.88 | 4.86 |
| 9 | 4.77 | 4.73 | 4.70 | 4.67 | 4.65 | 4.60 | 4.57 | 4.54 | 4.52 | 4.48 | 4.44 | 4.41 | 4.36 | 4.33 | 4.31 |
| 10 | 4.36 | 4.33 | 4.30 | 4.27 | 4.25 | 4.20 | 4.17 | 4.14 | 4.12 | 4.08 | 4.04 | 4.01 | 3.96 | 3.93 | 3.91 |
| 11 | 4.06 | 4.02 | 3.99 | 3.96 | 3.94 | 3.89 | 3.86 | 3.83 | 3.81 | 3.78 | 3.73 | 3.71 | 3.66 | 3.62 | 3.60 |
| 12 | 3.82 | 3.78 | 3.75 | 3.72 | 3.70 | 3.65 | 3.62 | 3.59 | 3.57 | 3.54 | 3.49 | 3.47 | 3.41 | 3.38 | 3.36 |
| 13 | 3.62 | 3.59 | 3.56 | 3.53 | 3.51 | 3.46 | 3.43 | 3.40 | 3.38 | 3.34 | 3.30 | 3.27 | 3.22 | 3.19 | 3.17 |
| 14 | 3.46 | 3.43 | 3.40 | 3.37 | 3.35 | 3.30 | 3.27 | 3.24 | 3.22 | 3.18 | 3.14 | 3.11 | 3.06 | 3.03 | 3.00 |
| 15 | 3.33 | 3.29 | 3.26 | 3.24 | 3.21 | 3.17 | 3.13 | 3.10 | 3.08 | 3.05 | 3.00 | 2.98 | 2.92 | 2.89 | 2.87 |
| 16 | 3.22 | 3.18 | 3.15 | 3.12 | 3.10 | 3.05 | 3.02 | 2.99 | 2.97 | 2.93 | 2.89 | 2.86 | 2.81 | 2.78 | 2.75 |
| 17 | 3.12 | 3.08 | 3.05 | 3.03 | 3.00 | 2.96 | 2.92 | 2.89 | 2.87 | 2.83 | 2.79 | 2.76 | 2.71 | 2.68 | 2.65 |
| 18 | 3.03 | 3.00 | 2.97 | 2.94 | 2.92 | 2.87 | 2.84 | 2.81 | 2.78 | 2.75 | 2.70 | 2.68 | 2.62 | 2.59 | 2.57 |

续表

| $n_2$ | $n_1$ | | | | | | | | | | | | | | |
|---|---|---|---|---|---|---|---|---|---|---|---|---|---|---|---|
| | 22 | 24 | 26 | 28 | 30 | 35 | 40 | 45 | 50 | 60 | 80 | 100 | 200 | 500 | ∞ |
| 19 | 2.96 | 2.92 | 2.89 | 2.87 | 2.84 | 2.80 | 2.76 | 2.73 | 2.71 | 2.67 | 2.63 | 2.60 | 2.55 | 2.51 | 2.49 |
| 20 | 2.90 | 2.86 | 2.83 | 2.80 | 2.78 | 2.73 | 2.69 | 2.67 | 2.64 | 2.61 | 2.56 | 2.54 | 2.48 | 2.44 | 2.42 |
| 21 | 2.84 | 2.80 | 2.77 | 2.74 | 2.72 | 2.67 | 2.64 | 2.61 | 2.58 | 2.55 | 2.50 | 2.48 | 2.42 | 2.38 | 2.36 |
| 22 | 2.78 | 2.75 | 2.72 | 2.69 | 2.67 | 2.62 | 2.58 | 2.55 | 2.53 | 2.50 | 2.45 | 2.42 | 2.36 | 2.33 | 2.31 |
| 23 | 2.74 | 2.70 | 2.67 | 2.64 | 2.62 | 2.57 | 2.54 | 2.51 | 2.48 | 2.45 | 2.40 | 2.37 | 2.32 | 2.28 | 2.26 |
| 24 | 2.70 | 2.66 | 2.63 | 2.60 | 2.58 | 2.53 | 2.49 | 2.46 | 2.44 | 2.40 | 2.36 | 2.33 | 2.27 | 2.24 | 2.21 |
| 25 | 2.66 | 2.62 | 2.59 | 2.56 | 2.54 | 2.49 | 2.45 | 2.42 | 2.40 | 2.36 | 2.32 | 2.29 | 2.23 | 2.19 | 2.17 |
| 26 | 2.62 | 2.58 | 2.55 | 2.53 | 2.50 | 2.45 | 2.42 | 2.39 | 2.36 | 2.33 | 2.28 | 2.25 | 2.19 | 2.16 | 2.13 |
| 27 | 2.59 | 2.55 | 2.52 | 2.49 | 2.47 | 2.42 | 2.38 | 2.35 | 2.33 | 2.29 | 2.25 | 2.22 | 2.16 | 2.12 | 2.10 |
| 28 | 2.56 | 2.52 | 2.49 | 2.46 | 2.44 | 2.39 | 2.35 | 2.32 | 2.30 | 2.26 | 2.22 | 2.19 | 2.13 | 2.09 | 2.06 |
| 29 | 2.53 | 2.49 | 2.46 | 2.44 | 2.41 | 2.36 | 2.33 | 2.30 | 2.27 | 2.23 | 2.19 | 2.16 | 2.10 | 2.06 | 2.03 |
| 30 | 2.51 | 2.47 | 2.44 | 2.41 | 2.39 | 2.34 | 2.30 | 2.27 | 2.25 | 2.21 | 2.16 | 2.13 | 2.07 | 2.03 | 2.01 |
| 32 | 2.46 | 2.42 | 2.39 | 2.36 | 2.34 | 2.29 | 2.25 | 2.22 | 2.20 | 2.16 | 2.11 | 2.08 | 2.02 | 1.98 | 1.96 |
| 34 | 2.42 | 2.38 | 2.35 | 2.32 | 2.30 | 2.25 | 2.21 | 2.18 | 2.16 | 2.12 | 2.07 | 2.04 | 1.98 | 1.94 | 1.91 |
| 36 | 2.38 | 2.35 | 2.32 | 2.29 | 2.26 | 2.21 | 2.18 | 2.14 | 2.12 | 2.08 | 2.03 | 2.00 | 1.94 | 1.90 | 1.87 |
| 38 | 2.35 | 2.32 | 2.28 | 2.26 | 2.23 | 2.18 | 2.14 | 2.11 | 2.09 | 2.05 | 2.00 | 1.97 | 1.90 | 1.86 | 1.84 |
| 40 | 2.33 | 2.29 | 2.26 | 2.23 | 2.20 | 2.15 | 2.11 | 2.08 | 2.06 | 2.02 | 1.97 | 1.94 | 1.87 | 1.83 | 1.80 |
| 42 | 2.30 | 2.26 | 2.23 | 2.20 | 2.18 | 2.13 | 2.09 | 2.06 | 2.03 | 1.99 | 1.94 | 1.91 | 1.85 | 1.80 | 1.78 |

续表

| $n_2$ | $n_1$ | | | | | | | | | | | | | | | |
|---|---|---|---|---|---|---|---|---|---|---|---|---|---|---|---|---|
| | 22 | 24 | 26 | 28 | 30 | 35 | 40 | 45 | 50 | 60 | 80 | 100 | 200 | 500 | ∞ |
| 44 | 2.28 | 2.24 | 2.21 | 2.18 | 2.15 | 2.10 | 2.07 | 2.03 | 2.01 | 1.97 | 1.92 | 1.89 | 1.82 | 1.78 | 1.75 |
| 46 | 2.26 | 2.22 | 2.19 | 2.16 | 2.13 | 2.08 | 2.04 | 2.01 | 1.99 | 1.95 | 1.90 | 1.86 | 1.80 | 1.76 | 1.73 |
| 48 | 2.24 | 2.20 | 2.17 | 2.14 | 2.12 | 2.06 | 2.02 | 1.99 | 1.97 | 1.93 | 1.88 | 1.84 | 1.78 | 1.73 | 1.70 |
| 50 | 2.22 | 2.18 | 2.15 | 2.12 | 2.10 | 2.05 | 2.01 | 1.97 | 1.95 | 1.91 | 1.86 | 1.82 | 1.76 | 1.71 | 1.68 |
| 60 | 2.15 | 2.12 | 2.08 | 2.05 | 2.03 | 1.98 | 1.94 | 1.90 | 1.88 | 1.84 | 1.78 | 1.75 | 1.68 | 1.63 | 1.60 |
| 80 | 2.07 | 2.03 | 2.00 | 1.97 | 1.94 | 1.89 | 1.85 | 1.82 | 1.79 | 1.75 | 1.69 | 1.65 | 1.58 | 1.53 | 1.49 |
| 100 | 2.02 | 1.98 | 1.95 | 1.92 | 1.89 | 1.84 | 1.80 | 1.76 | 1.74 | 1.69 | 1.63 | 1.60 | 1.52 | 1.47 | 1.43 |
| 125 | 1.98 | 1.94 | 1.91 | 1.88 | 1.85 | 1.80 | 1.76 | 1.72 | 1.69 | 1.65 | 1.59 | 1.55 | 1.47 | 1.41 | 1.37 |
| 150 | 1.96 | 1.92 | 1.88 | 1.85 | 1.83 | 1.77 | 1.73 | 1.69 | 1.66 | 1.62 | 1.56 | 1.52 | 1.43 | 1.38 | 1.33 |
| 200 | 1.93 | 1.89 | 1.85 | 1.82 | 1.79 | 1.74 | 1.69 | 1.66 | 1.63 | 1.58 | 1.52 | 1.48 | 1.39 | 1.33 | 1.28 |
| 300 | 1.89 | 1.85 | 1.82 | 1.79 | 1.76 | 1.70 | 1.66 | 1.62 | 1.59 | 1.55 | 1.48 | 1.44 | 1.35 | 1.28 | 1.22 |
| 500 | 1.87 | 1.83 | 1.79 | 1.76 | 1.74 | 1.68 | 1.63 | 1.60 | 1.57 | 1.52 | 1.45 | 1.41 | 1.31 | 1.23 | 1.16 |
| 1000 | 1.85 | 1.81 | 1.77 | 1.74 | 1.72 | 1.66 | 1.61 | 1.58 | 1.54 | 1.50 | 1.43 | 1.38 | 1.28 | 1.19 | 1.11 |
| ∞ | 1.83 | 1.79 | 1.76 | 1.72 | 1.70 | 1.64 | 1.59 | 1.55 | 1.52 | 1.47 | 1.40 | 1.36 | 1.25 | 1.15 | 1.01 |

附表 4.5　$F$ 分布临界值（$\alpha=0.025$）

| $n_2$ \ $n_1$ | 1 | 2 | 3 | 4 | 5 | 6 | 7 | 8 | 9 | 10 | 12 | 15 | 20 | 24 | 30 | 40 | 60 | 120 | ∞ |
|---|---|---|---|---|---|---|---|---|---|---|---|---|---|---|---|---|---|---|---|
| 1 | 647.8 | 799.5 | 864.2 | 899.6 | 921.8 | 937.1 | 948.2 | 956.7 | 963.3 | 968.6 | 976.7 | 984.9 | 993.1 | 997.2 | 1001.4 | 1005.6 | 1009.8 | 1014.0 | 1018.3 |
| 2 | 38.51 | 39.00 | 39.17 | 39.25 | 39.30 | 39.33 | 39.36 | 39.37 | 39.39 | 39.40 | 39.41 | 39.43 | 39.45 | 39.46 | 39.46 | 39.47 | 39.48 | 39.49 | 39.50 |
| 3 | 17.44 | 16.04 | 15.44 | 15.10 | 14.88 | 14.73 | 14.62 | 14.54 | 14.47 | 14.42 | 14.34 | 14.25 | 14.17 | 14.12 | 14.08 | 14.04 | 13.99 | 13.95 | 13.90 |
| 4 | 12.22 | 10.65 | 9.98 | 9.60 | 9.36 | 9.20 | 9.07 | 8.98 | 8.90 | 8.84 | 8.75 | 8.66 | 8.56 | 8.51 | 8.46 | 8.41 | 8.36 | 8.31 | 8.26 |
| 5 | 10.01 | 8.43 | 7.76 | 7.39 | 7.15 | 6.98 | 6.85 | 6.76 | 6.68 | 6.62 | 6.52 | 6.43 | 6.33 | 6.28 | 6.23 | 6.18 | 6.12 | 6.07 | 6.02 |
| 6 | 8.81 | 7.26 | 6.60 | 6.23 | 5.99 | 5.82 | 5.70 | 5.60 | 5.52 | 5.46 | 5.37 | 5.27 | 5.17 | 5.12 | 5.07 | 5.01 | 4.96 | 4.90 | 4.85 |
| 7 | 8.07 | 6.54 | 5.89 | 5.52 | 5.29 | 5.12 | 4.99 | 4.90 | 4.82 | 4.76 | 4.67 | 4.57 | 4.47 | 4.41 | 4.36 | 4.31 | 4.25 | 4.20 | 4.14 |
| 8 | 7.57 | 6.06 | 5.42 | 5.05 | 4.82 | 4.65 | 4.53 | 4.43 | 4.36 | 4.30 | 4.20 | 4.10 | 4.00 | 3.95 | 3.89 | 3.84 | 3.78 | 3.73 | 3.67 |
| 9 | 7.21 | 5.71 | 5.08 | 4.72 | 4.48 | 4.32 | 4.20 | 4.10 | 4.03 | 3.96 | 3.87 | 3.77 | 3.67 | 3.61 | 3.56 | 3.51 | 3.45 | 3.39 | 3.33 |
| 10 | 6.94 | 5.46 | 4.83 | 4.47 | 4.24 | 4.07 | 3.95 | 3.85 | 3.78 | 3.72 | 3.62 | 3.52 | 3.42 | 3.37 | 3.31 | 3.26 | 3.20 | 3.14 | 3.08 |
| 11 | 6.72 | 5.26 | 4.63 | 4.28 | 4.04 | 3.88 | 3.76 | 3.66 | 3.59 | 3.53 | 3.43 | 3.33 | 3.23 | 3.17 | 3.12 | 3.06 | 3.00 | 2.94 | 2.88 |
| 12 | 6.55 | 5.10 | 4.47 | 4.12 | 3.89 | 3.73 | 3.61 | 3.51 | 3.44 | 3.37 | 3.28 | 3.18 | 3.07 | 3.02 | 2.96 | 2.91 | 2.85 | 2.79 | 2.73 |
| 13 | 6.41 | 4.97 | 4.35 | 4.00 | 3.77 | 3.60 | 3.48 | 3.39 | 3.31 | 3.25 | 3.15 | 3.05 | 2.95 | 2.89 | 2.84 | 2.78 | 2.72 | 2.66 | 2.60 |
| 14 | 6.30 | 4.86 | 4.24 | 3.89 | 3.66 | 3.50 | 3.38 | 3.29 | 3.21 | 3.15 | 3.05 | 2.95 | 2.84 | 2.79 | 2.73 | 2.67 | 2.61 | 2.55 | 2.49 |
| 15 | 6.20 | 4.77 | 4.15 | 3.80 | 3.58 | 3.41 | 3.29 | 3.20 | 3.12 | 3.06 | 2.96 | 2.86 | 2.76 | 2.70 | 2.64 | 2.59 | 2.52 | 2.46 | 2.40 |
| 16 | 6.12 | 4.69 | 4.08 | 3.73 | 3.50 | 3.34 | 3.22 | 3.12 | 3.05 | 2.99 | 2.89 | 2.79 | 2.68 | 2.63 | 2.57 | 2.51 | 2.45 | 2.38 | 2.32 |
| 17 | 6.04 | 4.62 | 4.01 | 3.66 | 3.44 | 3.28 | 3.16 | 3.06 | 2.98 | 2.92 | 2.82 | 2.72 | 2.62 | 2.56 | 2.50 | 2.44 | 2.38 | 2.32 | 2.25 |
| 18 | 5.98 | 4.56 | 3.95 | 3.61 | 3.38 | 3.22 | 3.10 | 3.01 | 2.93 | 2.87 | 2.77 | 2.67 | 2.56 | 2.50 | 2.44 | 2.38 | 2.32 | 2.26 | 2.19 |

续表

| $n_2$ | $n_1$ | | | | | | | | | | | | | | | | | |
|---|---|---|---|---|---|---|---|---|---|---|---|---|---|---|---|---|---|---|
| | 1 | 2 | 3 | 4 | 5 | 6 | 7 | 8 | 9 | 10 | 12 | 15 | 20 | 24 | 30 | 40 | 60 | 120 | ∞ |
| 19 | 5.92 | 4.51 | 3.90 | 3.56 | 3.33 | 3.17 | 3.05 | 2.96 | 2.88 | 2.82 | 2.72 | 2.62 | 2.51 | 2.45 | 2.39 | 2.33 | 2.27 | 2.20 | 2.13 |
| 20 | 5.87 | 4.46 | 3.86 | 3.51 | 3.29 | 3.13 | 3.01 | 2.91 | 2.84 | 2.77 | 2.68 | 2.57 | 2.46 | 2.41 | 2.35 | 2.29 | 2.22 | 2.16 | 2.09 |
| 21 | 5.83 | 4.42 | 3.82 | 3.48 | 3.25 | 3.09 | 2.97 | 2.87 | 2.80 | 2.73 | 2.64 | 2.53 | 2.42 | 2.37 | 2.31 | 2.25 | 2.18 | 2.11 | 2.04 |
| 22 | 5.79 | 4.38 | 3.78 | 3.44 | 3.22 | 3.05 | 2.93 | 2.84 | 2.76 | 2.70 | 2.60 | 2.50 | 2.39 | 2.33 | 2.27 | 2.21 | 2.14 | 2.08 | 2.00 |
| 23 | 5.75 | 4.35 | 3.75 | 3.41 | 3.18 | 3.02 | 2.90 | 2.81 | 2.73 | 2.67 | 2.57 | 2.47 | 2.36 | 2.30 | 2.24 | 2.18 | 2.11 | 2.04 | 1.97 |
| 24 | 5.72 | 4.32 | 3.72 | 3.38 | 3.15 | 2.99 | 2.87 | 2.78 | 2.70 | 2.64 | 2.54 | 2.44 | 2.33 | 2.27 | 2.21 | 2.15 | 2.08 | 2.01 | 1.94 |
| 25 | 5.69 | 4.29 | 3.69 | 3.35 | 3.13 | 2.97 | 2.85 | 2.75 | 2.68 | 2.61 | 2.51 | 2.41 | 2.30 | 2.24 | 2.18 | 2.12 | 2.05 | 1.98 | 1.91 |
| 26 | 5.66 | 4.27 | 3.67 | 3.33 | 3.10 | 2.94 | 2.82 | 2.73 | 2.65 | 2.59 | 2.49 | 2.39 | 2.28 | 2.22 | 2.16 | 2.09 | 2.03 | 1.95 | 1.88 |
| 27 | 5.63 | 4.24 | 3.65 | 3.31 | 3.08 | 2.92 | 2.80 | 2.71 | 2.63 | 2.57 | 2.47 | 2.36 | 2.25 | 2.19 | 2.13 | 2.07 | 2.00 | 1.93 | 1.85 |
| 28 | 5.61 | 4.22 | 3.63 | 3.29 | 3.06 | 2.90 | 2.78 | 2.69 | 2.61 | 2.55 | 2.45 | 2.34 | 2.23 | 2.17 | 2.11 | 2.05 | 1.98 | 1.91 | 1.83 |
| 29 | 5.59 | 4.20 | 3.61 | 3.27 | 3.04 | 2.88 | 2.76 | 2.67 | 2.59 | 2.53 | 2.43 | 2.32 | 2.21 | 2.15 | 2.09 | 2.03 | 1.96 | 1.89 | 1.81 |
| 30 | 5.57 | 4.18 | 3.59 | 3.25 | 3.03 | 2.87 | 2.75 | 2.65 | 2.57 | 2.51 | 2.41 | 2.31 | 2.20 | 2.14 | 2.07 | 2.01 | 1.94 | 1.87 | 1.79 |
| 40 | 5.42 | 4.05 | 3.46 | 3.13 | 2.90 | 2.74 | 2.62 | 2.53 | 2.45 | 2.39 | 2.29 | 2.18 | 2.07 | 2.01 | 1.94 | 1.88 | 1.80 | 1.72 | 1.64 |
| 60 | 5.29 | 3.93 | 3.34 | 3.01 | 2.79 | 2.63 | 2.51 | 2.41 | 2.33 | 2.27 | 2.17 | 2.06 | 1.94 | 1.88 | 1.82 | 1.74 | 1.67 | 1.58 | 1.48 |
| 120 | 5.15 | 3.80 | 3.23 | 2.89 | 2.67 | 2.52 | 2.39 | 2.30 | 2.22 | 2.16 | 2.05 | 1.94 | 1.82 | 1.76 | 1.69 | 1.61 | 1.53 | 1.43 | 1.31 |
| ∞ | 5.02 | 3.69 | 3.12 | 2.79 | 2.57 | 2.41 | 2.29 | 2.19 | 2.11 | 2.05 | 1.94 | 1.83 | 1.71 | 1.64 | 1.57 | 1.48 | 1.39 | 1.27 | 1.01 |

附表 4.6 $F$ 分布临界值 ($\alpha = 0.1$)

| $n_2$ \ $n_1$ | 1 | 2 | 3 | 4 | 5 | 6 | 7 | 8 | 9 | 10 | 12 | 15 | 20 | 30 | 50 | 100 | 200 | 500 |
|---|---|---|---|---|---|---|---|---|---|---|---|---|---|---|---|---|---|---|
| 1 | 39.86 | 49.50 | 53.69 | 55.83 | 57.24 | 58.20 | 58.91 | 59.44 | 59.96 | 60.29 | 60.71 | 61.22 | 61.74 | 62.36 | 62.79 | 63.01 | 63.27 | 63.36 |
| 2 | 8.53 | 9.00 | 9.16 | 9.24 | 9.29 | 9.33 | 9.35 | 9.37 | 9.38 | 9.39 | 9.41 | 9.42 | 9.44 | 9.46 | 9.47 | 9.48 | 9.49 | 9.49 |
| 3 | 5.54 | 5.46 | 5.39 | 5.34 | 5.31 | 5.28 | 5.27 | 5.25 | 5.24 | 5.23 | 5.22 | 5.20 | 5.18 | 5.17 | 5.15 | 5.14 | 5.14 | 5.14 |
| 4 | 4.54 | 4.32 | 4.19 | 4.11 | 4.05 | 4.01 | 3.98 | 3.95 | 3.94 | 3.92 | 3.90 | 3.87 | 3.84 | 3.82 | 3.80 | 3.78 | 3.77 | 3.76 |
| 5 | 4.06 | 3.78 | 3.62 | 3.52 | 3.45 | 3.40 | 3.37 | 3.34 | 3.32 | 3.30 | 3.27 | 3.24 | 3.21 | 3.17 | 3.15 | 3.13 | 3.12 | 3.11 |
| 6 | 3.78 | 3.46 | 3.29 | 3.18 | 3.11 | 3.05 | 3.01 | 2.98 | 2.96 | 2.94 | 2.90 | 2.87 | 2.84 | 2.80 | 2.77 | 2.75 | 2.73 | 2.73 |
| 7 | 3.59 | 3.26 | 3.07 | 2.96 | 2.88 | 2.83 | 2.78 | 2.75 | 2.72 | 2.70 | 2.67 | 2.63 | 2.59 | 2.56 | 2.52 | 2.50 | 2.48 | 2.48 |
| 8 | 3.46 | 3.11 | 2.92 | 2.81 | 2.73 | 2.67 | 2.62 | 2.59 | 2.56 | 2.54 | 2.50 | 2.46 | 2.42 | 2.38 | 2.35 | 2.32 | 2.31 | 2.30 |
| 9 | 3.36 | 3.01 | 2.81 | 2.69 | 2.61 | 2.55 | 2.51 | 2.47 | 2.44 | 2.42 | 2.38 | 2.34 | 2.30 | 2.25 | 2.22 | 2.19 | 2.17 | 2.17 |
| 10 | 3.29 | 2.92 | 2.73 | 2.61 | 2.52 | 2.46 | 2.41 | 2.38 | 2.35 | 2.32 | 2.28 | 2.24 | 2.20 | 2.16 | 2.12 | 2.09 | 2.07 | 2.06 |
| 11 | 3.23 | 2.86 | 2.66 | 2.54 | 2.45 | 2.39 | 2.34 | 2.30 | 2.27 | 2.25 | 2.21 | 2.17 | 2.12 | 2.08 | 2.04 | 2.01 | 1.99 | 1.98 |
| 12 | 3.18 | 2.81 | 2.61 | 2.48 | 2.39 | 2.33 | 2.28 | 2.24 | 2.21 | 2.19 | 2.15 | 2.10 | 2.06 | 2.01 | 1.97 | 1.94 | 1.92 | 1.91 |
| 13 | 3.14 | 2.76 | 2.56 | 2.43 | 2.35 | 2.28 | 2.23 | 2.20 | 2.16 | 2.14 | 2.10 | 2.05 | 2.01 | 1.96 | 1.92 | 1.88 | 1.86 | 1.85 |
| 14 | 3.10 | 2.73 | 2.52 | 2.39 | 2.31 | 2.24 | 2.19 | 2.15 | 2.12 | 2.10 | 2.05 | 2.01 | 1.96 | 1.91 | 1.87 | 1.83 | 1.82 | 1.80 |
| 15 | 3.07 | 2.70 | 2.49 | 2.36 | 2.27 | 2.21 | 2.16 | 2.12 | 2.09 | 2.06 | 2.02 | 1.97 | 1.92 | 1.87 | 1.83 | 1.79 | 1.77 | 1.76 |
| 16 | 3.05 | 2.67 | 2.46 | 2.33 | 2.24 | 2.18 | 2.13 | 2.09 | 2.06 | 2.03 | 1.99 | 1.94 | 1.89 | 1.84 | 1.79 | 1.76 | 1.74 | 1.73 |
| 17 | 3.03 | 2.64 | 2.44 | 2.31 | 2.22 | 2.15 | 2.10 | 2.06 | 2.03 | 2.00 | 1.96 | 1.91 | 1.86 | 1.81 | 1.76 | 1.73 | 1.71 | 1.69 |
| 18 | 3.01 | 2.62 | 2.42 | 2.29 | 2.20 | 2.13 | 2.08 | 2.04 | 2.00 | 1.98 | 1.93 | 1.89 | 1.84 | 1.78 | 1.74 | 1.70 | 1.68 | 1.67 |

续表

| $n_2$ | \\ $n_1$ | 1 | 2 | 3 | 4 | 5 | 6 | 7 | 8 | 9 | 10 | 12 | 15 | 20 | 30 | 50 | 100 | 200 | 500 |
|---|---|---|---|---|---|---|---|---|---|---|---|---|---|---|---|---|---|---|---|
| 19 | | 2.99 | 2.61 | 2.40 | 2.27 | 2.18 | 2.11 | 2.06 | 2.02 | 1.98 | 1.96 | 1.91 | 1.86 | 1.81 | 1.76 | 1.71 | 1.67 | 1.65 | 1.64 |
| 20 | | 2.97 | 2.59 | 2.38 | 2.25 | 2.16 | 2.09 | 2.04 | 2.00 | 1.96 | 1.94 | 1.89 | 1.84 | 1.79 | 1.74 | 1.69 | 1.65 | 1.63 | 1.62 |
| 22 | | 2.95 | 2.56 | 2.35 | 2.22 | 2.13 | 2.06 | 2.01 | 1.97 | 1.93 | 1.90 | 1.86 | 1.81 | 1.76 | 1.70 | 1.65 | 1.61 | 1.59 | 1.58 |
| 24 | | 2.93 | 2.54 | 2.33 | 2.19 | 2.10 | 2.04 | 1.98 | 1.94 | 1.91 | 1.88 | 1.83 | 1.78 | 1.73 | 1.67 | 1.62 | 1.58 | 1.56 | 1.54 |
| 26 | | 2.91 | 2.52 | 2.31 | 2.17 | 2.08 | 2.01 | 1.96 | 1.92 | 1.88 | 1.86 | 1.81 | 1.76 | 1.71 | 1.65 | 1.59 | 1.55 | 1.53 | 1.51 |
| 28 | | 2.89 | 2.50 | 2.29 | 2.16 | 2.06 | 2.00 | 1.94 | 1.90 | 1.87 | 1.84 | 1.79 | 1.74 | 1.69 | 1.63 | 1.57 | 1.53 | 1.50 | 1.49 |
| 30 | | 2.88 | 2.49 | 2.28 | 2.14 | 2.05 | 1.98 | 1.93 | 1.88 | 1.85 | 1.82 | 1.77 | 1.72 | 1.67 | 1.61 | 1.55 | 1.51 | 1.48 | 1.47 |
| 40 | | 2.84 | 2.44 | 2.23 | 2.09 | 2.00 | 1.93 | 1.87 | 1.83 | 1.79 | 1.76 | 1.71 | 1.66 | 1.61 | 1.54 | 1.48 | 1.43 | 1.41 | 1.39 |
| 50 | | 2.81 | 2.41 | 2.20 | 2.06 | 1.97 | 1.90 | 1.84 | 1.80 | 1.76 | 1.73 | 1.68 | 1.63 | 1.57 | 1.50 | 1.44 | 1.39 | 1.36 | 1.34 |
| 60 | | 2.79 | 2.39 | 2.18 | 2.04 | 1.95 | 1.87 | 1.82 | 1.77 | 1.74 | 1.71 | 1.66 | 1.60 | 1.54 | 1.48 | 1.41 | 1.36 | 1.33 | 1.31 |
| 80 | | 2.77 | 2.37 | 2.15 | 2.02 | 1.92 | 1.85 | 1.79 | 1.75 | 1.71 | 1.68 | 1.63 | 1.57 | 1.51 | 1.44 | 1.38 | 1.32 | 1.28 | 1.26 |
| 100 | | 2.76 | 2.36 | 2.14 | 2.00 | 1.91 | 1.83 | 1.78 | 1.73 | 1.69 | 1.66 | 1.61 | 1.56 | 1.49 | 1.42 | 1.35 | 1.29 | 1.26 | 1.23 |
| 200 | | 2.73 | 2.33 | 2.11 | 1.97 | 1.88 | 1.80 | 1.75 | 1.70 | 1.66 | 1.63 | 1.58 | 1.52 | 1.46 | 1.38 | 1.31 | 1.24 | 1.20 | 1.17 |
| 500 | | 2.72 | 2.31 | 2.09 | 1.96 | 1.86 | 1.79 | 1.73 | 1.68 | 1.64 | 1.61 | 1.56 | 1.50 | 1.44 | 1.36 | 1.28 | 1.21 | 1.16 | 1.12 |
| ∞ | | 2.71 | 2.30 | 2.08 | 1.94 | 1.85 | 1.77 | 1.72 | 1.67 | 1.63 | 1.60 | 1.55 | 1.49 | 1.42 | 1.34 | 1.26 | 1.19 | 1.13 | 1.08 |

## 附表5 柯尔莫哥洛夫检验的临界值 $D_{n,\alpha}$ 表

$$P(D_n > D_{n,\alpha}) = \alpha$$

| n | $\alpha$ | | | | |
|---|---|---|---|---|---|
| | 0.20 | 0.10 | 0.05 | 0.02 | 0.01 |
| 1 | 0.90000 | 0.95000 | 0.97500 | 0.99000 | 0.99500 |
| 2 | 0.63377 | 0.77629 | 0.34189 | 0.90000 | 0.99229 |
| 3 | 0.56481 | 0.63804 | 0.70760 | 0.78456 | 0.82900 |
| 4 | 0.49256 | 0.68622 | 0.62394 | 0.68887 | 0.73424 |
| 5 | 0.44698 | 0.50945 | 0.56328 | 0.62718 | 0.66853 |
| 6 | 0.41037 | 0.46799 | 0.51926 | 0.57741 | 0.61661 |
| 7 | 0.38148 | 0.43607 | 0.48342 | 0.53844 | 0.57581 |
| 8 | 0.35831 | 0.40962 | 0.45427 | 0.50654 | 0.54179 |
| 9 | 0.33910 | 0.38746 | 0.43001 | 0.47960 | 0.51332 |
| 10 | 0.32260 | 0.36866 | 0.40925 | 0.45662 | 0.48393 |
| 11 | 0.30829 | 0.35242 | 0.39122 | 0.43670 | 0.46770 |
| 12 | 0.29577 | 0.33815 | 0.37543 | 0.41918 | 0.44950 |
| 13 | 0.23470 | 0.32549 | 0.36143 | 0.40362 | 0.43247 |
| 14 | 0.27481 | 0.31417 | 0.34890 | 0.38970 | 0.41762 |
| 15 | 0.29583 | 0.30397 | 0.33760 | 0.37713 | 0.40120 |
| 16 | 0.25778 | 0.29472 | 0.32733 | 0.36571 | 0.39201 |
| 17 | 0.25039 | 0.28627 | 0.31796 | 0.35528 | 0.38086 |
| 18 | 0.24360 | 0.27851 | 0.30936 | 0.34569 | 0.37062 |
| 19 | 0.23735 | 0.27136 | 0.30143 | 0.33635 | 0.36117 |
| 20 | 0.23156 | 0.26473 | 0.29403 | 0.32266 | 0.35241 |
| 21 | 0.22617 | 0.25858 | 0.28724 | 0.32104 | 0.34427 |
| 22 | 0.22115 | 0.25283 | 0.28037 | 0.31394 | 0.33666 |
| 23 | 0.21645 | 0.24746 | 0.27490 | 0.30723 | 0.32954 |
| 24 | 0.21205 | 0.24242 | 0.26931 | 0.30104 | 0.32286 |
| 25 | 0.20790 | 0.23768 | 0.26404 | 0.29516 | 0.31657 |
| 26 | 0.20399 | 0.23320 | 0.26907 | 0.28962 | 0.31064 |
| 27 | 0.20030 | 0.22898 | 0.25438 | 0.28438 | 0.30502 |
| 28 | 0.19630 | 0.22497 | 0.24933 | 0.27942 | 0.29971 |

续表

| n | α | | | | |
|---|---|---|---|---|---|
|  | 0.20 | 0.10 | 0.05 | 0.02 | 0.01 |
| 29 | 0.19318 | 0.22117 | 0.24571 | 0.27471 | 0.29971 |
| 30 | 0.19052 | 0.21756 | 0.24170 | 0.27023 | 0.28987 |
| 31 | 0.18732 | 0.21412 | 0.23788 | 0.26596 | 0.28630 |
| 32 | 0.18445 | 0.21085 | 0.23424 | 0.26189 | 0.28094 |
| 33 | 0.18171 | 0.20771 | 0.23076 | 0.25801 | 0.27677 |
| 34 | 0.17909 | 0.20472 | 0.22743 | 0.25429 | 0.27279 |
| 35 | 0.17659 | 0.20185 | 0.24425 | 0.25073 | 0.26896 |
| 36 | 0.17418 | 0.19910 | 0.22119 | 0.24732 | 0.26532 |
| 37 | 0.17188 | 0.19646 | 0.21826 | 0.24404 | 0.26180 |
| 38 | 0.16966 | 0.19392 | 0.21544 | 0.24089 | 0.25843 |
| 39 | 0.16753 | 0.19148 | 0.21273 | 0.23786 | 0.25513 |
| 40 | 0.16547 | 0.18913 | 0.21012 | 0.23494 | 0.25205 |
| 41 | 0.16349 | 0.18687 | 0.20760 | 0.23213 | 0.24904 |
| 42 | 0.16158 | 0.18468 | 0.20517 | 0.22941 | 0.24613 |
| 43 | 0.15974 | 0.18257 | 0.20283 | 0.22079 | 0.24332 |
| 44 | 0.15796 | 0.18053 | 0.20056 | 0.22426 | 0.24060 |
| 45 | 0.15623 | 0.17856 | 0.19837 | 0.22181 | 0.23798 |
| 46 | 0.15457 | 0.17665 | 0.19625 | 0.21944 | 0.23544 |
| 47 | 0.15295 | 0.17481 | 0.19420 | 0.21715 | 0.23298 |
| 48 | 0.15139 | 0.17302 | 0.19221 | 0.21493 | 0.23059 |
| 49 | 0.14987 | 0.17123 | 0.19028 | 0.21277 | 0.22828 |
| 50 | 0.14840 | 0.16959 | 0.18841 | 0.21068 | 0.22304 |
| 55 | 0.14161 | 0.16186 | 0.17981 | 0.20107 | 0.21574 |
| 60 | 0.13573 | 0.15511 | 0.17231 | 0.19267 | 0.20673 |
| 65 | 0.13052 | 0.14913 | 0.16567 | 0.18525 | 0.19877 |
| 70 | 0.12586 | 0.14881 | 0.15975 | 0.17833 | 0.19167 |
| 75 | 0.12467 | 0.13901 | 0.15442 | 0.17268 | 0.18523 |
| 80 | 0.11787 | 0.13467 | 0.14960 | 0.16728 | 0.17949 |
| 85 | 0.11442 | 0.13072 | 0.14520 | 0.16236 | 0.17421 |
| 90 | 0.11125 | 0.12709 | 0.14117 | 0.15780 | 0.16933 |
| 95 | 0.10833 | 0.12375 | 0.13746 | 0.15371 | 0.16493 |
| 100 | 0.10563 | 0.12067 | 0.13403 | 0.14987 | 0.16081 |

## 附表6 $D_n$ 的极限分布函数数值表

| λ | Q(λ) | λ | Q(λ) | λ | Q(λ) | λ | Q(λ) | λ | Q(λ) | λ | Q(λ) |
|---|---|---|---|---|---|---|---|---|---|---|---|
| 0.32 | 0.0000 | 0.66 | 0.2236 | 1.00 | 0.7300 | 1.34 | 0.9449 | 1.68 | 0.9929 | 2.02 | 0.9994 |
| 0.33 | 0.0001 | 0.67 | 0.2396 | 1.01 | 0.7406 | 1.35 | 0.9478 | 1.69 | 0.9934 | 2.03 | 0.9995 |
| 0.34 | 0.0002 | 0.68 | 0.2558 | 1.02 | 0.7508 | 1.36 | 0.9565 | 1.70 | 0.9938 | 2.04 | 0.9995 |
| 0.35 | 0.0003 | 0.69 | 0.2722 | 1.03 | 0.7608 | 1.37 | 0.9531 | 1.71 | 0.9942 | 2.05 | 0.9996 |
| 0.36 | 0.0005 | 0.70 | 0.3888 | 1.04 | 0.7704 | 1.38 | 0.9556 | 1.72 | 0.9946 | 2.06 | 0.9996 |
| 0.37 | 0.0008 | 0.71 | 0.3055 | 1.05 | 0.7798 | 1.39 | 0.9580 | 1.73 | 0.9950 | 2.07 | 0.9996 |
| 0.38 | 0.0013 | 0.72 | 0.3223 | 1.06 | 0.7889 | 1.40 | 0.9603 | 1.74 | 0.9953 | 2.08 | 0.9996 |
| 0.39 | 0.0019 | 0.73 | 0.3391 | 1.07 | 0.7976 | 1.41 | 0.9625 | 1.75 | 0.9956 | 2.09 | 0.9997 |
| 0.40 | 0.0028 | 0.74 | 0.3560 | 1.08 | 0.8061 | 1.42 | 0.9646 | 1.76 | 0.9959 | 2.10 | 0.9997 |
| 0.41 | 0.0040 | 0.75 | 0.3728 | 1.09 | 0.8143 | 1.43 | 0.9665 | 1.77 | 0.9962 | 2.11 | 0.9997 |
| 0.42 | 0.0055 | 0.76 | 0.3896 | 1.10 | 0.8223 | 1.44 | 0.9684 | 1.78 | 0.9965 | 2.12 | 0.9997 |
| 0.43 | 0.0074 | 0.77 | 0.4064 | 1.11 | 0.8299 | 1.45 | 0.9702 | 1.79 | 0.9967 | 2.13 | 0.9998 |
| 0.44 | 0.0097 | 0.78 | 0.4230 | 1.12 | 0.8374 | 1.46 | 0.9718 | 1.80 | 0.9969 | 2.14 | 0.9998 |
| 0.45 | 0.0126 | 0.79 | 0.4395 | 1.13 | 0.8445 | 1.47 | 0.9734 | 1.81 | 0.9971 | 2.15 | 0.9998 |
| 0.46 | 0.0160 | 0.80 | 0.4559 | 1.14 | 0.8514 | 1.48 | 0.9750 | 1.82 | 0.9973 | 2.16 | 0.9998 |
| 0.47 | 0.0200 | 0.81 | 0.4720 | 1.15 | 0.8580 | 1.49 | 0.9764 | 1.83 | 0.9975 | 2.17 | 0.9998 |
| 0.48 | 0.0247 | 0.82 | 0.4880 | 1.16 | 0.8644 | 1.50 | 0.9778 | 1.84 | 0.9977 | 2.18 | 0.9999 |
| 0.49 | 0.0300 | 0.83 | 0.5038 | 1.17 | 0.8706 | 1.51 | 0.9791 | 1.85 | 0.9979 | 2.19 | 0.9999 |
| 0.50 | 0.0361 | 0.84 | 0.5194 | 1.18 | 0.8765 | 1.52 | 0.9803 | 1.86 | 0.9980 | 2.20 | 0.9999 |
| 0.51 | 0.0428 | 0.85 | 0.5347 | 1.19 | 0.8823 | 1.53 | 0.9815 | 1.87 | 0.9981 | 2.21 | 0.9999 |
| 0.52 | 0.0503 | 0.86 | 0.5497 | 1.20 | 0.8877 | 1.54 | 0.9826 | 1.88 | 0.9983 | 2.22 | 0.9999 |
| 0.53 | 0.0585 | 0.87 | 0.5645 | 1.21 | 0.8930 | 1.55 | 0.9836 | 1.89 | 0.9984 | 2.23 | 0.9999 |
| 0.54 | 0.675 | 0.88 | 0.5791 | 1.22 | 0.8981 | 1.56 | 0.9846 | 1.90 | 0.9985 | 2.24 | 0.9999 |
| 0.55 | 0.0772 | 0.89 | 0.5933 | 1.23 | 0.9030 | 1.57 | 0.9855 | 1.91 | 0.9986 | 2.25 | 0.9999 |
| 0.56 | 0.0876 | 0.90 | 0.6073 | 1.24 | 0.9076 | 1.58 | 0.9864 | 1.92 | 0.9987 | 2.26 | 0.9999 |
| 0.57 | 0.0987 | 0.91 | 0.6209 | 1.25 | 0.9121 | 1.59 | 0.9873 | 1.93 | 0.9988 | 2.27 | 0.9999 |
| 0.58 | 0.1104 | 0.92 | 0.6343 | 1.26 | 0.9164 | 1.60 | 0.9880 | 1.94 | 0.9989 | 2.28 | 0.9999 |
| 0.59 | 0.1228 | 0.93 | 0.6473 | 1.27 | 0.9206 | 1.61 | 0.9888 | 1.95 | 0.9990 | 2.29 | 0.9999 |
| 0.60 | 0.1357 | 0.94 | 0.6601 | 1.28 | 0.9245 | 1.62 | 0.9895 | 1.96 | 0.9991 | 2.30 | 0.9999 |
| 0.61 | 0.1492 | 0.95 | 0.6725 | 1.29 | 0.9283 | 1.63 | 0.9902 | 1.97 | 0.9991 | 2.31 | 1.0000 |
| 0.62 | 0.1632 | 0.96 | 0.6846 | 1.30 | 0.9319 | 1.64 | 0.9908 | 1.98 | 0.9992 | | |
| 0.63 | 0.1778 | 0.97 | 0.6963 | 1.31 | 0.9354 | 1.65 | 0.9914 | 1.99 | 0.9993 | | |
| 0.64 | 0.1927 | 0.98 | 0.7079 | 1.32 | 0.9387 | 1.66 | 0.9919 | 2.00 | 0.9993 | | |
| 0.65 | 0.2080 | 0.99 | 0.7191 | 1.33 | 0.9418 | 1.67 | 0.9924 | 2.01 | 0.9994 | | |

## 附表7 常用正交表

附表7.1 $L_4(2^3)$ 正交表

| 试验号 | 序号 | | |
|---|---|---|---|
| | 1 | 2 | 3 |
| 1 | 1 | 1 | 1 |
| 2 | 1 | 2 | 2 |
| 3 | 2 | 1 | 2 |
| 4 | 2 | 2 | 1 |

附表7.2 $L_8(2^7)$ 正交表

| 试验号 | 序号 | | | | | | |
|---|---|---|---|---|---|---|---|
| | 1 | 2 | 3 | 4 | 5 | 6 | 7 |
| 1 | 1 | 1 | 1 | 1 | 1 | 1 | 1 |
| 2 | 1 | 1 | 1 | 2 | 2 | 2 | 2 |
| 3 | 1 | 2 | 2 | 1 | 1 | 2 | 2 |
| 4 | 1 | 2 | 2 | 2 | 2 | 1 | 1 |
| 5 | 2 | 1 | 2 | 1 | 2 | 1 | 2 |
| 6 | 2 | 1 | 2 | 2 | 1 | 2 | 1 |
| 7 | 2 | 2 | 1 | 1 | 2 | 2 | 1 |
| 8 | 2 | 2 | 1 | 2 | 1 | 1 | 2 |

附表7.3 $L_8(2^7)$ 两列间的交互作用列表

| 1 | 2 | 3 | 4 | 5 | 6 | 7 |
|---|---|---|---|---|---|---|
| (1) | 3 | 2 | 5 | 4 | 7 | 6 |
| | (2) | 1 | 6 | 7 | 4 | 5 |
| | | (3) | 7 | 6 | 5 | 4 |
| | | | (4) | 1 | 2 | 3 |
| | | | | (5) | 3 | 2 |
| | | | | | (6) | 1 |
| | | | | | | (7) |

附表7.4 $L_{12}(2^{11})$ 正交表

| 试验号 | 序号 | | | | | | | | | | |
|---|---|---|---|---|---|---|---|---|---|---|---|
| | 1 | 2 | 3 | 4 | 5 | 6 | 7 | 8 | 9 | 10 | 11 |
| 1 | 1 | 1 | 1 | 1 | 1 | 1 | 1 | 1 | 1 | 1 | 1 |
| 2 | 1 | 1 | 1 | 1 | 1 | 2 | 2 | 2 | 2 | 2 | 2 |
| 3 | 1 | 1 | 2 | 2 | 2 | 1 | 1 | 1 | 2 | 2 | 2 |
| 4 | 1 | 2 | 1 | 2 | 2 | 1 | 2 | 2 | 1 | 1 | 2 |
| 5 | 1 | 2 | 2 | 1 | 2 | 2 | 1 | 2 | 1 | 2 | 1 |
| 6 | 1 | 2 | 2 | 2 | 1 | 2 | 2 | 1 | 2 | 1 | 1 |
| 7 | 2 | 1 | 2 | 2 | 1 | 1 | 2 | 2 | 1 | 2 | 1 |
| 8 | 2 | 1 | 2 | 1 | 2 | 2 | 2 | 1 | 1 | 1 | 2 |
| 9 | 2 | 1 | 1 | 2 | 2 | 2 | 1 | 2 | 2 | 1 | 1 |
| 10 | 2 | 2 | 2 | 1 | 1 | 1 | 1 | 2 | 2 | 1 | 2 |
| 11 | 2 | 2 | 1 | 2 | 1 | 2 | 1 | 1 | 1 | 2 | 2 |
| 12 | 2 | 2 | 1 | 1 | 2 | 1 | 2 | 1 | 2 | 2 | 1 |

注：此表中任意两列的交互作用均不在表内。

附表7.5 $L_{16}(2^{15})$ 正交表

| 试验号 | 序号 | | | | | | | | | | | | | | |
|---|---|---|---|---|---|---|---|---|---|---|---|---|---|---|---|
| | 1 | 2 | 3 | 4 | 5 | 6 | 7 | 8 | 9 | 10 | 11 | 12 | 13 | 14 | 15 |
| 1 | 1 | 1 | 1 | 1 | 1 | 1 | 1 | 1 | 1 | 1 | 1 | 1 | 1 | 1 | 1 |
| 2 | 1 | 1 | 1 | 1 | 1 | 1 | 1 | 2 | 2 | 2 | 2 | 2 | 2 | 2 | 2 |
| 3 | 1 | 1 | 1 | 2 | 2 | 2 | 2 | 1 | 1 | 1 | 1 | 2 | 2 | 2 | 2 |
| 4 | 1 | 1 | 1 | 2 | 2 | 2 | 2 | 2 | 2 | 2 | 2 | 1 | 1 | 1 | 1 |
| 5 | 1 | 2 | 2 | 1 | 1 | 2 | 2 | 1 | 1 | 2 | 2 | 1 | 1 | 2 | 2 |
| 6 | 1 | 2 | 2 | 1 | 1 | 2 | 2 | 2 | 2 | 1 | 1 | 2 | 2 | 1 | 1 |
| 7 | 1 | 2 | 2 | 2 | 2 | 1 | 1 | 1 | 1 | 2 | 2 | 2 | 2 | 1 | 1 |
| 8 | 1 | 2 | 2 | 2 | 2 | 1 | 1 | 2 | 2 | 1 | 1 | 1 | 1 | 2 | 2 |
| 9 | 2 | 1 | 2 | 1 | 2 | 1 | 2 | 1 | 2 | 1 | 2 | 1 | 2 | 1 | 2 |
| 10 | 2 | 1 | 2 | 1 | 2 | 1 | 2 | 2 | 1 | 2 | 1 | 2 | 1 | 2 | 1 |
| 11 | 2 | 1 | 2 | 2 | 1 | 2 | 1 | 1 | 2 | 1 | 2 | 2 | 1 | 2 | 1 |
| 12 | 2 | 1 | 2 | 2 | 1 | 2 | 1 | 2 | 1 | 2 | 1 | 1 | 2 | 1 | 2 |
| 13 | 2 | 2 | 1 | 1 | 2 | 2 | 1 | 1 | 2 | 2 | 1 | 1 | 2 | 2 | 1 |
| 14 | 2 | 2 | 1 | 1 | 2 | 2 | 1 | 2 | 1 | 1 | 2 | 2 | 1 | 1 | 2 |
| 15 | 2 | 2 | 1 | 2 | 1 | 1 | 2 | 1 | 2 | 2 | 1 | 2 | 1 | 1 | 2 |
| 16 | 2 | 2 | 1 | 2 | 1 | 1 | 2 | 2 | 1 | 1 | 2 | 1 | 2 | 2 | 1 |

附表 7.6 $L_{16}(2^{15})$ 两列间的交互作用列表

| 1 | 2 | 3 | 4 | 5 | 6 | 7 | 8 | 9 | 10 | 11 | 12 | 13 | 14 | 15 |
|---|---|---|---|---|---|---|---|---|----|----|----|----|----|----|
| (1) | 3 | 2 | 5 | 4 | 7 | 6 | 9 | 8 | 11 | 10 | 13 | 12 | 15 | 14 |
|  | (2) | 1 | 6 | 7 | 4 | 5 | 10 | 11 | 8 | 9 | 14 | 15 | 12 | 13 |
|  |  | (3) | 7 | 6 | 5 | 4 | 11 | 10 | 9 | 8 | 15 | 14 | 13 | 12 |
|  |  |  | (4) | 1 | 2 | 3 | 12 | 13 | 14 | 15 | 8 | 9 | 10 | 11 |
|  |  |  |  | (5) | 3 | 2 | 13 | 12 | 15 | 14 | 9 | 8 | 11 | 10 |
|  |  |  |  |  | (6) | 1 | 14 | 15 | 12 | 13 | 10 | 11 | 8 | 9 |
|  |  |  |  |  |  | (7) | 15 | 14 | 13 | 12 | 11 | 10 | 9 | 8 |
|  |  |  |  |  |  |  | (8) | 1 | 2 | 3 | 4 | 5 | 6 | 7 |
|  |  |  |  |  |  |  |  | (9) | 3 | 2 | 5 | 4 | 7 | 6 |
|  |  |  |  |  |  |  |  |  | (10) | 1 | 6 | 7 | 4 | 5 |
|  |  |  |  |  |  |  |  |  |  | (11) | 7 | 6 | 5 | 4 |
|  |  |  |  |  |  |  |  |  |  |  | (12) | 1 | 2 | 3 |
|  |  |  |  |  |  |  |  |  |  |  |  | (13) | 3 | 2 |
|  |  |  |  |  |  |  |  |  |  |  |  |  | (14) | 1 |
|  |  |  |  |  |  |  |  |  |  |  |  |  |  | (15) |

附表 7.7 $L_9(3^4)$ 正交表

| 试验号 | 序号 | | | |
|---|---|---|---|---|
|  | 1 | 2 | 3 | 4 |
| 1 | 1 | 1 | 1 | 1 |
| 2 | 1 | 2 | 2 | 2 |
| 3 | 1 | 3 | 3 | 3 |
| 4 | 2 | 1 | 2 | 3 |
| 5 | 2 | 2 | 3 | 1 |
| 6 | 2 | 3 | 1 | 2 |
| 7 | 3 | 1 | 3 | 2 |
| 8 | 3 | 2 | 1 | 3 |
| 9 | 3 | 3 | 2 | 1 |

附表 7.8 $L_{27}(3^{13})$ 正交表

| 试验号 | 序号 | | | | | | | | | | | | |
|---|---|---|---|---|---|---|---|---|---|---|---|---|---|
|  | 1 | 2 | 3 | 4 | 5 | 6 | 7 | 8 | 9 | 10 | 11 | 12 | 13 |
| 1 | 1 | 1 | 1 | 1 | 1 | 1 | 1 | 1 | 1 | 1 | 1 | 1 | 1 |
| 2 | 1 | 1 | 1 | 1 | 2 | 2 | 2 | 2 | 2 | 2 | 2 | 2 | 2 |

续表

| 试验号 | 序号 | | | | | | | | | | | | |
|---|---|---|---|---|---|---|---|---|---|---|---|---|---|
| | 1 | 2 | 3 | 4 | 5 | 6 | 7 | 8 | 9 | 10 | 11 | 12 | 13 |
| 3 | 1 | 1 | 1 | 1 | 3 | 3 | 3 | 3 | 3 | 3 | 3 | 3 | 3 |
| 4 | 1 | 2 | 2 | 2 | 1 | 1 | 1 | 2 | 2 | 2 | 3 | 3 | 3 |
| 5 | 1 | 2 | 2 | 2 | 2 | 2 | 2 | 3 | 3 | 3 | 1 | 1 | 1 |
| 6 | 1 | 2 | 2 | 2 | 3 | 3 | 3 | 1 | 1 | 1 | 2 | 2 | 2 |
| 7 | 1 | 3 | 3 | 3 | 1 | 1 | 1 | 3 | 3 | 3 | 2 | 2 | 2 |
| 8 | 1 | 3 | 3 | 3 | 2 | 2 | 2 | 1 | 1 | 1 | 3 | 3 | 3 |
| 9 | 1 | 3 | 3 | 3 | 3 | 3 | 3 | 2 | 2 | 2 | 1 | 1 | 1 |
| 10 | 2 | 1 | 2 | 3 | 1 | 2 | 3 | 1 | 2 | 3 | 1 | 2 | 3 |
| 11 | 2 | 1 | 2 | 3 | 2 | 3 | 1 | 2 | 3 | 1 | 2 | 3 | 1 |
| 12 | 2 | 1 | 2 | 3 | 3 | 1 | 2 | 3 | 1 | 2 | 3 | 1 | 2 |
| 13 | 2 | 2 | 3 | 1 | 1 | 2 | 3 | 2 | 3 | 1 | 3 | 1 | 2 |
| 14 | 2 | 2 | 3 | 1 | 2 | 3 | 1 | 3 | 1 | 2 | 1 | 2 | 3 |
| 15 | 2 | 2 | 3 | 1 | 3 | 1 | 2 | 1 | 2 | 3 | 2 | 3 | 1 |
| 16 | 2 | 3 | 1 | 2 | 1 | 2 | 3 | 3 | 1 | 2 | 2 | 3 | 1 |
| 17 | 2 | 3 | 1 | 2 | 2 | 3 | 1 | 1 | 2 | 3 | 3 | 1 | 2 |
| 18 | 2 | 3 | 1 | 2 | 3 | 1 | 2 | 2 | 3 | 1 | 1 | 2 | 3 |
| 19 | 3 | 1 | 3 | 2 | 1 | 3 | 2 | 1 | 3 | 2 | 1 | 3 | 2 |
| 20 | 3 | 1 | 3 | 2 | 2 | 1 | 3 | 2 | 1 | 3 | 2 | 1 | 3 |
| 21 | 3 | 1 | 3 | 2 | 3 | 2 | 1 | 3 | 2 | 1 | 3 | 2 | 1 |
| 22 | 3 | 2 | 1 | 3 | 1 | 3 | 2 | 2 | 1 | 3 | 3 | 2 | 1 |
| 23 | 3 | 2 | 1 | 3 | 2 | 1 | 3 | 3 | 2 | 1 | 1 | 3 | 2 |
| 24 | 3 | 2 | 1 | 3 | 3 | 2 | 1 | 1 | 3 | 2 | 2 | 1 | 3 |
| 25 | 3 | 3 | 2 | 1 | 1 | 3 | 2 | 3 | 2 | 1 | 2 | 1 | 3 |
| 26 | 3 | 3 | 2 | 1 | 2 | 1 | 3 | 1 | 3 | 2 | 3 | 2 | 1 |
| 27 | 3 | 3 | 2 | 1 | 3 | 2 | 1 | 2 | 1 | 3 | 1 | 3 | 2 |

附表7.9 $L_{27}(3^{13})$ 两列间的交互作用列表

| 1 | 2 | 3 | 4 | 5 | 6 | 7 | 8 | 9 | 10 | 11 | 12 | 13 |
|---|---|---|---|---|---|---|---|---|---|---|---|---|
| (1) | 3 | 2 | 2 | 6 | 5 | 5 | 9 | 8 | 8 | 12 | 11 | 11 |
| | 4 | 4 | 3 | 7 | 7 | 6 | 10 | 10 | 9 | 13 | 13 | 12 |
| | (2) | 1 | 1 | 8 | 9 | 10 | 5 | 6 | 7 | 5 | 6 | 7 |

续表

| 1 | 2 | 3 | 4 | 5 | 6 | 7 | 8 | 9 | 10 | 11 | 12 | 13 |
|---|---|---|---|---|---|---|---|---|---|---|---|---|
|   |   | 4 | 3 | 11 | 12 | 13 | 11 | 12 | 13 | 8 | 9 | 10 |
|   |   | (3) | 1 | 9 | 10 | 8 | 7 | 5 | 6 | 6 | 7 | 5 |
|   |   |   | 2 | 13 | 11 | 12 | 12 | 13 | 11 | 10 | 8 | 9 |
|   |   |   | (4) | 10 | 8 | 9 | 6 | 7 | 5 | 7 | 5 | 6 |
|   |   |   |   | 12 | 13 | 11 | 13 | 11 | 12 | 9 | 10 | 8 |
|   |   |   |   | (5) | 1 | 1 | 2 | 3 | 4 | 2 | 4 | 3 |
|   |   |   |   |   | 7 | 6 | 11 | 13 | 12 | 8 | 10 | 9 |
|   |   |   |   |   | (6) | 1 | 4 | 2 | 3 | 3 | 2 | 4 |
|   |   |   |   |   |   | 5 | 13 | 12 | 11 | 10 | 9 | 8 |
|   |   |   |   |   |   | (7) | 3 | 4 | 2 | 4 | 3 | 2 |
|   |   |   |   |   |   |   | 12 | 11 | 13 | 9 | 8 | 10 |
|   |   |   |   |   |   |   | (8) | 1 | 1 | 2 | 3 | 4 |
|   |   |   |   |   |   |   |   | 10 | 9 | 5 | 7 | 6 |
|   |   |   |   |   |   |   |   | (9) | 1 | 4 | 2 | 3 |
|   |   |   |   |   |   |   |   |   | 8 | 7 | 6 | 5 |
|   |   |   |   |   |   |   |   |   | (10) | 3 | 4 | 2 |
|   |   |   |   |   |   |   |   |   |   | 6 | 5 | 7 |
|   |   |   |   |   |   |   |   |   |   | (11) | 1 | 1 |
|   |   |   |   |   |   |   |   |   |   |   | 13 | 12 |
|   |   |   |   |   |   |   |   |   |   |   | (12) | 1 |
|   |   |   |   |   |   |   |   |   |   |   |   | 11 |
|   |   |   |   |   |   |   |   |   |   |   |   | (13) |

附表 7.10 $L_{16}(4^{15})$ 正交表

| 试验号 | 序号 | | | | |
|---|---|---|---|---|---|
|  | 1 | 2 | 3 | 4 | 5 |
| 1 | 1 | 1 | 1 | 1 | 1 |
| 2 | 1 | 2 | 2 | 2 | 2 |
| 3 | 1 | 3 | 3 | 3 | 3 |
| 4 | 1 | 4 | 4 | 4 | 4 |
| 5 | 2 | 1 | 2 | 3 | 4 |
| 6 | 2 | 2 | 1 | 4 | 3 |

续表

| 试验号 | 序号 | | | | |
|---|---|---|---|---|---|
| | 1 | 2 | 3 | 4 | 5 |
| 7 | 2 | 3 | 4 | 1 | 2 |
| 8 | 2 | 4 | 3 | 2 | 1 |
| 9 | 3 | 1 | 3 | 4 | 2 |
| 10 | 3 | 2 | 4 | 3 | 1 |
| 11 | 3 | 3 | 1 | 2 | 4 |
| 12 | 3 | 4 | 2 | 1 | 3 |
| 13 | 4 | 1 | 4 | 2 | 3 |
| 14 | 4 | 2 | 3 | 1 | 4 |
| 15 | 4 | 3 | 2 | 4 | 1 |
| 16 | 4 | 4 | 1 | 3 | 2 |

注：任意两列间的交互作用列是另外三列。

附表 7.11 $L_{25}(5^6)$ 正交表

| 试验号 | 序号 | | | | | |
|---|---|---|---|---|---|---|
| | 1 | 2 | 3 | 4 | 5 | 6 |
| 1 | 1 | 1 | 1 | 1 | 1 | 1 |
| 2 | 1 | 2 | 2 | 2 | 2 | 2 |
| 3 | 1 | 3 | 3 | 3 | 3 | 3 |
| 4 | 1 | 4 | 4 | 4 | 4 | 4 |
| 5 | 1 | 5 | 5 | 5 | 5 | 5 |
| 6 | 2 | 1 | 2 | 3 | 4 | 5 |
| 7 | 2 | 2 | 3 | 4 | 5 | 1 |
| 8 | 2 | 3 | 4 | 5 | 1 | 2 |
| 9 | 2 | 4 | 5 | 1 | 2 | 3 |
| 10 | 2 | 5 | 1 | 2 | 3 | 4 |
| 11 | 3 | 1 | 3 | 5 | 2 | 4 |
| 12 | 3 | 2 | 4 | 1 | 3 | 5 |
| 13 | 3 | 3 | 5 | 2 | 4 | 1 |
| 14 | 3 | 4 | 1 | 3 | 5 | 2 |
| 15 | 3 | 5 | 2 | 4 | 1 | 3 |
| 16 | 4 | 1 | 4 | 2 | 5 | 3 |

续表

| 试验号 | 序号 | | | | | |
|---|---|---|---|---|---|---|
| | 1 | 2 | 3 | 4 | 5 | 6 |
| 17 | 4 | 2 | 5 | 3 | 1 | 4 |
| 18 | 4 | 3 | 1 | 4 | 2 | 5 |
| 19 | 4 | 4 | 2 | 5 | 3 | 1 |
| 20 | 4 | 5 | 3 | 1 | 4 | 2 |
| 21 | 5 | 1 | 5 | 4 | 3 | 2 |
| 22 | 5 | 2 | 1 | 5 | 4 | 3 |
| 23 | 5 | 3 | 2 | 1 | 5 | 4 |
| 24 | 5 | 4 | 3 | 2 | 1 | 5 |
| 25 | 5 | 5 | 4 | 3 | 2 | 1 |

注:任意两列间的交互作用是另外四列。

附表7.12 $L_8(4^1\times2^4)$ 正交表

| 试验号 | 序号 | | | | |
|---|---|---|---|---|---|
| | 1 | 2 | 3 | 4 | 5 |
| 1 | 1 | 1 | 1 | 1 | 1 |
| 2 | 1 | 2 | 2 | 2 | 2 |
| 3 | 2 | 1 | 1 | 2 | 2 |
| 4 | 2 | 2 | 2 | 1 | 1 |
| 5 | 3 | 1 | 2 | 1 | 2 |
| 6 | 3 | 2 | 1 | 2 | 1 |
| 7 | 4 | 1 | 2 | 2 | 1 |
| 8 | 4 | 2 | 1 | 1 | 2 |

附表7.13 $L_{12}(3^1\times2^4)$ 正交表

| 试验号 | 序号 | | | | |
|---|---|---|---|---|---|
| | 1 | 2 | 3 | 4 | 5 |
| 1 | 1 | 1 | 1 | 1 | 1 |
| 2 | 1 | 1 | 1 | 2 | 2 |
| 3 | 1 | 2 | 2 | 1 | 2 |
| 4 | 1 | 2 | 2 | 2 | 1 |
| 5 | 2 | 1 | 2 | 1 | 1 |

续表

| 试验号 | 序号 | | | | |
|---|---|---|---|---|---|
| | 1 | 2 | 3 | 4 | 5 |
| 6 | 2 | 1 | 2 | 2 | 2 |
| 7 | 2 | 2 | 1 | 1 | 1 |
| 8 | 2 | 2 | 1 | 2 | 2 |
| 9 | 3 | 1 | 2 | 1 | 2 |
| 10 | 3 | 1 | 1 | 2 | 1 |
| 11 | 3 | 2 | 1 | 1 | 2 |
| 12 | 3 | 2 | 2 | 2 | 1 |

附表 7.14 $L_{18}(2^1 \times 3^7)$ 正交表

| 试验号 | 序号 | | | | | | | |
|---|---|---|---|---|---|---|---|---|
| | 1 | 2 | 3 | 4 | 5 | 6 | 7 | 8 |
| 1 | 1 | 1 | 1 | 1 | 1 | 1 | 1 | 1 |
| 2 | 1 | 1 | 2 | 2 | 2 | 2 | 2 | 2 |
| 3 | 1 | 1 | 3 | 3 | 3 | 3 | 3 | 3 |
| 4 | 1 | 2 | 1 | 1 | 2 | 2 | 3 | 3 |
| 5 | 1 | 2 | 2 | 2 | 3 | 3 | 1 | 1 |
| 6 | 1 | 2 | 3 | 3 | 1 | 1 | 2 | 2 |
| 7 | 1 | 3 | 1 | 2 | 1 | 3 | 2 | 3 |
| 8 | 1 | 3 | 2 | 3 | 2 | 1 | 3 | 1 |
| 9 | 1 | 3 | 3 | 1 | 3 | 2 | 1 | 2 |
| 10 | 2 | 1 | 1 | 3 | 3 | 2 | 2 | 1 |
| 11 | 2 | 1 | 2 | 1 | 1 | 3 | 3 | 2 |
| 12 | 2 | 1 | 3 | 2 | 2 | 1 | 1 | 3 |
| 13 | 2 | 2 | 1 | 2 | 3 | 1 | 3 | 2 |
| 14 | 2 | 2 | 2 | 3 | 1 | 2 | 1 | 3 |
| 15 | 2 | 2 | 3 | 1 | 2 | 3 | 2 | 1 |
| 16 | 2 | 3 | 1 | 3 | 2 | 3 | 1 | 2 |
| 17 | 2 | 3 | 2 | 1 | 3 | 1 | 2 | 3 |
| 18 | 2 | 3 | 3 | 2 | 1 | 2 | 3 | 1 |

附表7.15　$L_{16}(4^2 \times 2^9)$ 正交表

| 试验号 | 序号 | | | | | | | | | | |
|---|---|---|---|---|---|---|---|---|---|---|---|
| | 1 | 2 | 3 | 4 | 5 | 6 | 7 | 8 | 9 | 10 | 11 |
| 1 | 1 | 1 | 1 | 1 | 1 | 1 | 1 | 1 | 1 | 1 | 1 |
| 2 | 1 | 2 | 1 | 1 | 1 | 2 | 2 | 2 | 2 | 2 | 2 |
| 3 | 1 | 3 | 2 | 2 | 2 | 1 | 1 | 1 | 2 | 2 | 2 |
| 4 | 1 | 4 | 2 | 2 | 2 | 2 | 2 | 2 | 1 | 1 | 1 |
| 5 | 2 | 1 | 1 | 2 | 2 | 1 | 2 | 2 | 1 | 2 | 2 |
| 6 | 2 | 2 | 1 | 2 | 2 | 2 | 1 | 1 | 2 | 1 | 1 |
| 7 | 2 | 3 | 2 | 1 | 1 | 2 | 2 | 2 | 1 | 1 | 1 |
| 8 | 2 | 4 | 2 | 1 | 1 | 2 | 1 | 1 | 1 | 2 | 2 |
| 9 | 3 | 1 | 2 | 1 | 2 | 2 | 1 | 2 | 2 | 1 | 2 |
| 10 | 3 | 2 | 2 | 1 | 2 | 1 | 2 | 1 | 1 | 2 | 1 |
| 11 | 3 | 3 | 1 | 2 | 1 | 2 | 1 | 2 | 1 | 2 | 1 |
| 12 | 3 | 4 | 1 | 2 | 1 | 1 | 2 | 1 | 2 | 1 | 2 |
| 13 | 4 | 1 | 2 | 2 | 1 | 2 | 2 | 1 | 2 | 2 | 1 |
| 14 | 4 | 2 | 2 | 2 | 1 | 1 | 1 | 2 | 1 | 1 | 2 |
| 15 | 4 | 3 | 1 | 1 | 2 | 2 | 2 | 1 | 1 | 1 | 2 |
| 16 | 4 | 4 | 1 | 1 | 2 | 1 | 1 | 2 | 2 | 2 | 1 |

# 参考文献

[1] 林日其.数理统计方法与军工产品质量控制[M].北京:国防工业出版社,2002.
[2] 西北工业大学数理统计编写组.数理统计[M].西安:西北工业大学出版社,1999.
[3] 杨虎,等.应用数理统计[M].北京:清华大学出版社,2006.
[4] 王岩,等.数理统计与MATLAB工程数据分析[M].北京:清华大学出版社,2006.
[5] 张文彤,等.SPSS统计分析基础教程[M].北京:高等教育出版社,2004.
[6] 董满才.多管火箭落点分布和射程与密集度[D].南京:南京理工大学,2007.
[7] 栾军.试验设计的技术与方法[M].上海:上海交通大学出版社,1987.
[8] 王颉.试验设计与SPSS应用[M].北京:化学工业出版社,2006.
[9] 陈超.SPSS15.0中文版常用功能与应用实例精讲[M].北京:电子工业出版社,2009.
[10] 刘大海.SPSS15.0统计分析-从入门到精[M].北京:清华大学出版社,2008.
[11] 张文彤.SPSS统计分析基础教程[M].北京:高等教育出版社,2006.
[12] 张文彤.SPSS统计分析高级教程[M].北京:高等教育出版社,2006.
[13] 陈魁.应用概率统计[M].北京:清华大学出版社,2000.
[14] 刘顺忠.数理统计理论、方法、应用和软件计算[M].武汉:华中科技大学出版社,2005.
[15] 嵩天等.Python语言程序设计基础[M].北京:高等教育出版社,2017.
[16] 张若愚.Python科学计算(第2版)[M].北京:清华大学出版社,2016.
[17] 吴喜之.Python——统计人的视角[M].北京:中国人民大学出版社,2018.
[18] Fabio Nelli.Python数据分析实战[M].杜春晓,译.北京:人民邮电出版社,2018.